建筑工人职业技能培训教材

装饰装修工程系列

幕墙制作工

《建筑工人职业技能培训教材》编委会 编

中国建材工业出版社

图书在版编目(CIP)数据

幕墙制作工 /《建筑工人职业技能培训教材》编委会编. 一一 北京 : 中国建材工业出版社，2016.9
建筑工人职业技能培训教材
ISBN 978-7-5160-1541-4

Ⅰ. ①幕… Ⅱ. ①建… Ⅲ. ①幕墙－工程施工－技术培训－教材 Ⅳ. ①TU767

中国版本图书馆 CIP 数据核字(2016)第 145034 号

幕墙制作工
《建筑工人职业技能培训教材》编委会 编
出版发行：中国建材工业出版社
地　　址:北京市海淀区三里河路 1 号
邮　　编:100044
经　　销:全国各地新华书店
印　　刷:北京雁林吉兆印刷有限公司
开　　本:850mm×1168mm 1/32
印　　张:5.75
字　　数:120 千字
版　　次:2016 年 9 月第 1 版
印　　次:2016 年 9 月第 1 次
定　　价:24.00 元

本社网址:www.jccbs.com　微信公众号:zgjcgycbs
本书如出现印装质量问题，由我社市场营销部负责调换。电话:(010)88386906

《建筑工人职业技能培训教材》
编审委员会

前　言

《中华人民共和国就业促进法》、国务院《关于加快发展现代职业教育的决定》[国发(2014)19号]、住房和城乡建设部《关于印发建筑业农民工技能培训示范工程实施意见的通知》[建人(2008)109号]、住房和城乡建设部《关于加强建筑工人职业培训工作的指导意见》[建人(2015)43号]、住房和城乡建设部办公厅《关于建筑工人职业培训合格证有关事项的通知》[建办人(2015)34号]等相关文件，对全面提高工人职业操作技能水平，以保证工程质量和安全生产做出了明确的要求。

根据住房和城乡建设部就加强建筑工人职业培训工作，做出的"到2020年，实现全行业建筑工人全员培训、持证上岗"具体规定，为更好地贯彻落实国家及行业主管部门相关文件精神和要求，全面做好建筑工人职业技能教育培训，由中国工程建设标准化协会建筑施工专业委员会、黑龙江省建设教育协会、新疆建设教育协会会同相关施工企业、培训单位等，组织了由建设行业专家学者、培训讲师、一线工程技术人员及具有丰富施工操作经验的工人和技师等组成的编审委员会，编写这套《建筑工人职业技能培训教材》。

本套丛书主要依据住房和城乡建设部、人力资源和社会保障部发布的《职业技能岗位鉴定规范》《中华人民共和国职业分类大典(2015年版)》《建筑工程施工职业技能标准》《建筑装饰装修职业技能标准》《建筑工程安装职业技能标准》等标准要求，以实现全面提高建设领域职工队伍整体素质，加快培养具有熟练操作技能的技术工人，尤其是加快提高建筑业农民工职业技能水平，保证建筑工程质量和安全，促进广大农民工就业为目标，重点抓住建筑工人现场施工操作技能和安全为核心进行编制，"量身订制"打造了一套适合不同文化层次的技术工人和读者需要的技能培训教材。

本套教材系统、全面地介绍了各工种相关专业基础知识、操作技能、安全知识等，同时涵盖了先进、成熟、实用的建筑工程施工技术，还包括了现代新材料、新技术、新工艺和环境、职业健康安全、节能环保等方面的知识，力求做到了技术内容最新、最实用，文字通俗易懂，语言生动简洁，辅以大量直观的图表，非常适合不同层次水平、不同年龄的建筑工人职业技能培训和实际施工操作应用。

丛书共包括了“建筑工程”、“装饰装修工程”、“安装工程”3大系列以及《建筑工人现场施工安全读本》，共25个分册：

一、“建筑工程”系列，包括8个分册，分别是：《砌筑工》《钢筋工》《架子工》《混凝土工》《模板工》《防水工》《木工》和《测量放线工》。

二、“装饰装修工程”系列，包括8个分册，分别是：《抹灰工》《油漆工》《镶贴工》《涂裱工》《装饰装修木工》《幕墙安装工》《幕墙制作工》和《金属工》。

三、“安装工程”系列，包括8个分册，分别是：《通风工》《安装起重工》《安装钳工》《电气设备安装调试工》《管道工》《建筑电工》《中小型建筑机械操作工》和《电焊工》。

本书根据“幕墙制作工”工种职业操作技能，结合在建筑工程中实际的应用，针对建筑工程施工材料、机具、施工工艺、质量要求、安全操作技术等做了具体、详细的阐述。本书内容包括建筑幕墙基础知识，建筑幕墙工程材料，幕墙加工常用设备，基本加工操作，幕墙构件加工制作，金属板加工制作，石材加工制作，半成品保护，幕墙制作工岗位安全常识，相关法律法规及务工常识。

本书对于加强建筑工人培训工作，全面提升建筑工人操作技能水平具有很好的应用价值和极大的帮助，不仅极大地提高工人操作技能水平和职业安全水平，更对保证建筑工程施工质量，促进建筑安装工程施工新技术、新工艺、新材料的推广与应用都有很好的推动作用。

由于时间限制，以及编者水平有限，本书难免有疏漏和谬误之处，欢迎广大读者批评指正，以便本丛书再版时修订。

编　者

2016年9月　北京

目录 CONTENTS

第1部分　幕墙制作工岗位基础知识

一、建筑幕墙基础知识

建筑幕墙是由支承结构体系与面板组成的、可相对主体结构有一定位移能力、不分担主体结构荷载与作用的建筑外围护结构或装饰性结构。

建筑幕墙不同于一般的外墙,它具有以下三个特点。

(1)建筑幕墙是完整的结构体系,直接承受施加于其上的荷载和作用,并传递到主体结构上。有框幕墙多数情况下由面板、横梁(次梁)和立柱构成;点支幕墙由面板和支承钢结构组成。

(2)建筑幕墙应包封主体结构,不使主体结构外露。

(3)建筑幕墙通常与主体结构采用可动连接,竖向幕墙通常悬挂在主体结构上。当主体结构位移时,幕墙相对于主体结构可以活动。

由于有上述特点,幕墙首先是结构,具有承载功能;然后是外装,具有美观和建筑功能。

1. 建筑幕墙分类

(1)按建筑幕墙的面板材料分类。

①玻璃幕墙。

a. 框支承玻璃幕墙。玻璃面板周边由金属框架支承的玻璃幕墙,主要包括下列类型。

明框玻璃幕墙。金属框架的构件显露于面板外表面的框支承玻璃幕墙。

隐框玻璃幕墙。金属框架完全不显露于面板外表面的框支承玻璃幕墙。

半隐框玻璃幕墙。金属框架的竖向或横向构件显露于面板外表面的框支承玻璃幕墙。

b. 全玻璃幕墙。由玻璃肋和玻璃面板构成的玻璃幕墙。

c. 点支承玻璃幕墙。由玻璃面板、点支承装置和支承结构构成的玻璃幕墙。

②金属幕墙。面板为金属板材的建筑幕墙，主要包括：单层铝板幕墙、铝塑复合板幕墙、蜂窝铝板幕墙、不锈钢板幕墙、搪瓷板幕墙等。

③石材幕墙。面板为建筑石材板的建筑幕墙。

④人造板材幕墙。面板由瓷板、陶板、微晶玻璃板等。

⑤组合幕墙。面板由玻璃、金属、石材、人造板材等不同面板组成的建筑幕墙。

(2)按幕墙施工方法分类。

①单元式幕墙。将面板与金属框架(横梁、立柱)在工厂组装为幕墙单元，以幕墙单元形式在现场完成安装施工的框支承建筑幕墙(一般的单元板块高度为一个楼层的层高)。

②构件式幕墙。在现场依次安装立柱、横梁和面板的框支承建筑幕墙。

(3)新型幕墙。

有双层幕墙、光电幕墙等。

(4)幕墙节能工程的基本概念。

①从节能工程的角度考虑，建筑幕墙可分为透明幕墙和非透明幕墙两种。透明幕墙是指可见光直接透射入室内的幕墙，一般指各类玻璃幕墙；非透明幕墙指各类金属幕墙、石材幕墙、

人造板材幕墙及玻璃幕墙中部分非透明幕墙(如用于层间的玻璃幕墙)等。

②透明幕墙的主要热工性能指标有传热系数和遮阳系数两项,其他还有可见光透射比等指标;非透明幕墙的热工指标主要是传热系数。

③在热工指标中,传热系数与导热系数是容易混淆的两个不同概念。传热系数是指在稳态条件下,围护结构(如外墙、幕墙)两侧空气温度差为1℃,1h内通过1m² 面积传递的热量;导热系数是指稳态条件下,1m厚的物体(如玻璃、混凝土)两侧温度差为1℃,1h内通过1m² 面积传递的热量。前者是衡量围护结构的热工指标;后者是衡量各种建筑材料的热工指标。

④节能幕墙一般采用隔热型材、中空玻璃(中空低辐射镀膜玻璃等)、高性能密封材料、优质五金件(多点锁等)以及采取相应的保温或遮阳设施,但不是采用了其中一种或多种材料或设施,就可称为节能幕墙。幕墙的各项热工指标满足《建筑节能工程施工质量验收规范》(GB 50411—2007)对该建筑物的要求,才可称为节能幕墙。

2. 幕墙的构造

幕墙结构见图1-1,由面板构成的幕墙构件连接在横梁上,横梁连接到立柱上,立柱悬挂在主体结构上。为在温度变化和主体结构侧移时使立柱有变形的余地,立柱上下由活动接头连接,立柱各段可以相对移动。

(1)全隐框玻璃幕墙。

全隐框玻璃幕墙的构造是在铝合金构件组成的框格上固定玻璃框,玻璃框的上框挂在铝合金整个框格体系的横梁上,其余三边分别用不同方法固定在立柱及横梁上。玻璃用结构胶预先粘贴在玻璃框上。玻璃框之间用结构密封胶密封。玻璃为各种颜色镀膜镜面反射玻璃,玻璃框及铝合金框格体系均隐在玻璃后面,从外侧看不到铝合金框,形成一个大面积的有颜色的镜面反射屏幕幕墙,见图 1-2(a)。这种幕墙的全部荷载均由玻璃通过胶传给铝合金框架。

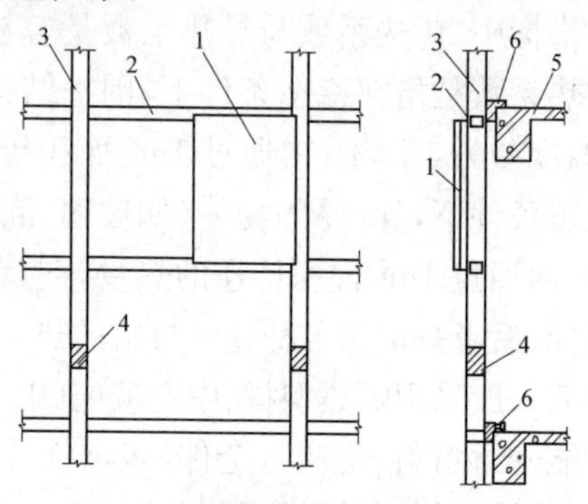

图 1-1 幕墙组成示意图

1—幕墙构件;2—横梁;3—立柱;4—立柱活动接头;
5—主体结构;6—立柱悬挂点

(2)半隐框玻璃幕墙。

①竖隐横不隐玻璃幕墙。这种玻璃幕墙只有立柱隐在玻璃后面,玻璃安放在横梁的玻璃镶嵌槽内,镶嵌槽外加盖铝合金压板,盖在玻璃外面,见图 1-2(b)。这种体系一般在车间将玻璃粘贴在两竖边有安装沟槽的铝合金玻璃框上,将玻璃框竖边再固定在铝合金框格体系的立柱上;玻璃上、下两横边则固定在铝合金框格体系横梁的镶嵌槽中。由于玻璃与玻璃框的胶缝在车间内加工完成,材料粘贴表面洁净有保证,况且玻璃框是在结构胶完全固化后才运往施工现场安装,所以胶缝强度得到保证。

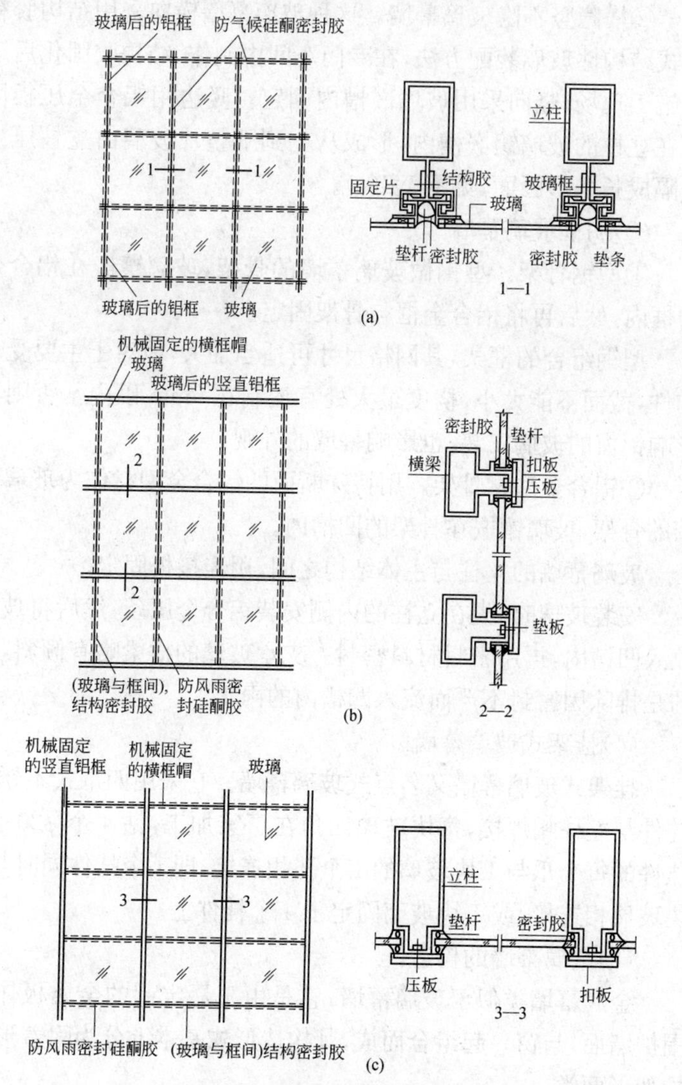

图 1-2　玻璃幕墙构造示意图

(a)全隐框玻璃幕墙;(b)竖隐横不隐玻璃幕墙;(c)横隐竖不隐玻璃幕墙

②横隐竖不隐玻璃幕墙。这种玻璃幕墙横向采用结构胶粘贴式结构性玻璃装配方法，在专门车间内制作，结构胶固化后运往施工现场；竖向采用玻璃嵌槽内固定。竖边用铝合金压板固定在立柱的玻璃镶嵌槽内，形成从上到下整片玻璃由立柱压板分隔成长条形画面，见图1-2(c)。

(3)明框玻璃幕墙。

①型钢骨架。型钢做玻璃幕墙的骨架，玻璃镶嵌在铝合金的框内，然后再将铝合金框与骨架固定。

型钢组合的框架，其网格尺寸可适当加大，但对于主要受弯构件，截面不能太小，挠度最大处宜控制在5mm以内。否则将影响铝窗的玻璃安装，也影响幕墙的外观。

②铝合金型材骨架。用特殊断面的铝合金型材作为玻璃幕墙的骨架，玻璃镶嵌在骨架的凹槽内。

玻璃幕墙的立柱与主体结构之间，用连接板固定。

安装玻璃时，先在立柱的内侧安装铝合金压条，然后将玻璃放入凹槽内，再用密封材料密封。支承玻璃的横梁略有倾斜，目的是排除因密封不严而流入凹槽内的雨水。

(4)挂架式玻璃幕墙。

挂架式玻璃幕墙又名点式玻璃幕墙。它采用四爪式不锈钢挂件与立柱相焊接，每块玻璃四角在厂家加工，钻4个$\phi20$孔，挂件的每个爪与1块玻璃的1个孔相连接，即1个挂件同时与4块玻璃相连接，或1块玻璃固定于4个挂件上。

(5)金属幕墙的构造。

金属幕墙类似于玻璃幕墙，它是由工厂定制的金属板作为围护墙面，与窗一起组合而成，其构造形式基本上分为附着形和构架形两类。

①附着形金属幕墙。这种构造形式是幕墙作为外墙饰面，

直接依附在主体结构墙面上。主体结构墙面基层采用螺母锁紧螺栓连接L形角钢,再根据金属板的尺寸将轻钢型材焊接在L形角钢上。在金属之间用C形压条将板固定在轻钢型材上,最后在压条上采用防水嵌缝橡胶填充,见图1-3。

②构架形金属幕墙。这种幕墙基本上类似隐框玻璃幕墙的构造,即将抗风受力骨架固定在框架结构的楼板、梁或柱上,然后再将轻钢型材固定在受力骨架上。金属板的固定方式与附着形金属幕墙相同。见图1-4。

(6)石材幕墙的构造。

石材幕墙干挂法的构造基本分为以下几大类:即直接干挂式、骨架干挂式、单元体干挂式和预制复合板干挂式,前三类多用于混凝土结构基体,后者多用于钢结构工程。

①直接干挂式石材幕墙构造。直接干挂法是目前常用的石材幕墙做法,是将被安装的石材饰面板通过金属挂件直接安装固定在主体结构外墙上,见图1-5。

②骨架干挂式石材幕墙构造。骨架干挂式石材幕墙主要用于主体为框架结构,因为轻质填充墙体不能作为承重结构。它是通过金属骨架与主体结构梁、柱(或圈梁)连接,通过干挂件将石板饰面悬挂,见图1-6。金属骨架应能承受石材幕墙自重及风载、地震力和温度应力,并能防腐蚀,国外多采用铝合金骨架。

③单元体直接干挂式石材幕墙构造。单元体法是目前世界上流行的一种先进做法。它是利用特殊强化的组合框架,将石材饰面板、铝合金窗、保温层等全部在工厂中组装在框架上,然后将整片墙面运送至工地安装。

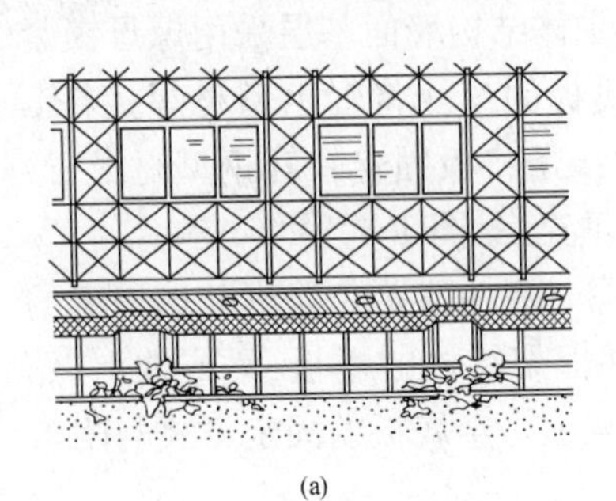

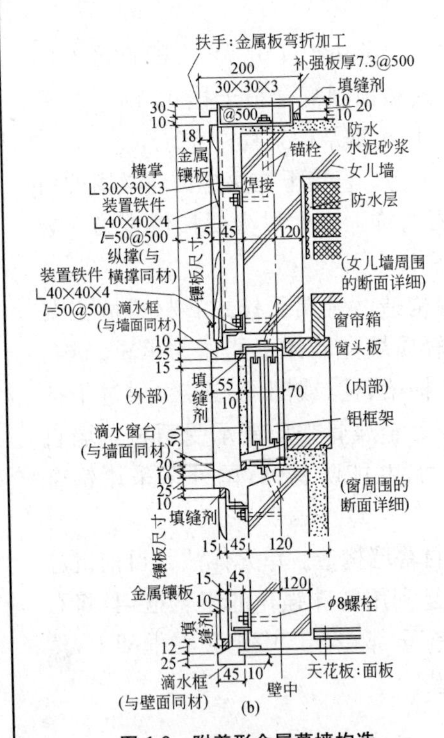

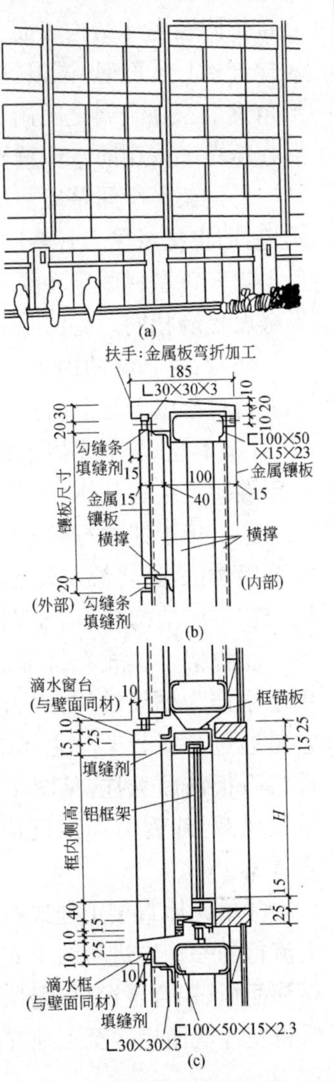

图 1-3 附着形金属幕墙构造

(a)透视图;(b)构造节点详图

图 1-4 构架式金属幕墙构造

(a)透视图;(b)女儿墙周围的构造;(c)窗周围的构造

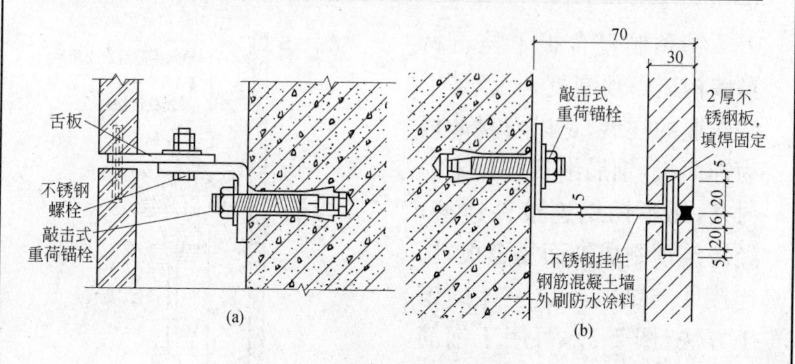

图 1-5　直接干挂式石材幕墙构造

(a)二次直接法；(b)直接做法

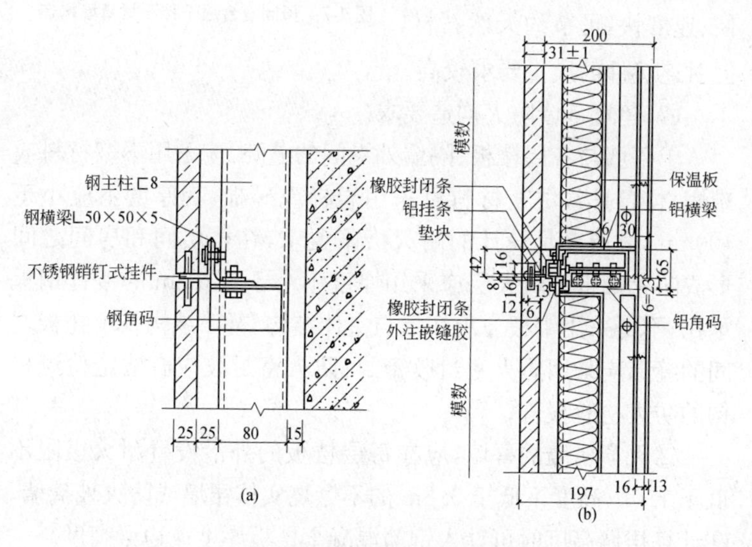

图 1-6　骨架干挂式石材幕墙构造

(a)不设保温层；(b)设保温层；

注：保温材料用镀锌薄钢板封包。

④预制复合板干挂石材幕墙构造。预制复合板，是干法作业的发展，是以石材薄板为饰面板，钢筋细石混凝土为衬模，用不锈钢连接件连接，经浇筑预制成饰面复合板，用连接件与结构连成一体的施工方法（图 1-7），可用于钢筋混凝土或钢结构的高层和超高层建筑。其特点是安装方便、速度快，可节约天然石材，但对连接件的质量要求较高。

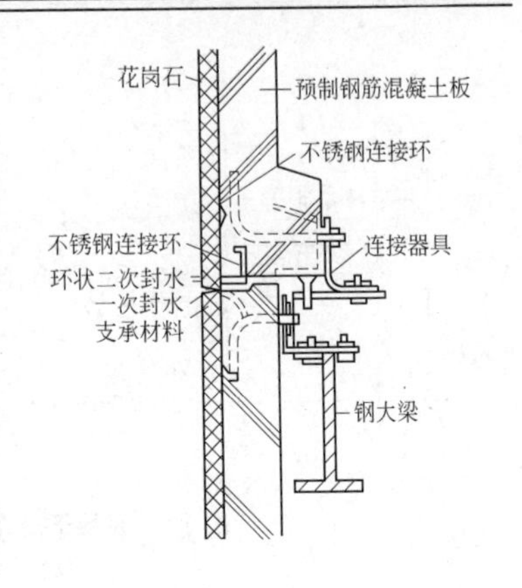

图 1-7 预制复合板干挂石材幕墙构造

（7）建筑幕墙防火构造要求。

①幕墙与各层楼板、隔墙外沿间的缝隙，应采用不燃材料或难燃材料封堵，填充材料可采用岩棉或矿棉，其厚度不应小于 100mm，并应满足设计的耐火极限要求，在楼层间和房间之间形成防火烟带。防火层应采用厚度不小于 1.5mm 的镀锌钢板承托，不得采用铝板。承托板与主体结构、幕墙结构及承托板之间的缝隙应采用防火密封胶密封；防火密封胶应有法定检测机构的防火检验报告。

②无窗槛墙的幕墙，应在每层楼板的外沿设置耐火极限不低于 1.0h、高度不低于 0.8m 的不燃烧实体裙墙或防火玻璃墙。在计算裙墙高度时可计入钢筋混凝土楼板厚度或边梁高度。

③当建筑设计要求防火分区分隔有通透效果时，可采用单片防火玻璃或由其加工成的中空、夹层防火玻璃。

④防火层不应与幕墙玻璃直接接触，防火材料朝玻璃面处宜采用装饰材料覆盖。

⑤同一幕墙玻璃单元不应跨越两个防火分区。

(8)建筑幕墙防雷构造要求。

①幕墙的防雷设计应符合《建筑物防雷设计规范》(GB 50057—2010)和《民用建筑电气设计规范》(JGJ 16—2008)的有关规定。

②幕墙的金属框架应与主体结构的防雷体系可靠连接。

③幕墙的铝合金立柱，在不大于10m范围内宜有一根立柱采用柔性导线，把每个上柱与下柱的连接处连通。导线截面积铜质不宜小于25mm^2，铝质不宜小于30mm^2。

④主体结构有水平均压环的楼层，对应导电通路的立柱预埋件或固定件应用圆钢或扁钢与均压环焊接连通，形成防雷通路。圆钢直径不宜小于12mm，扁钢截面不宜小于5mm×40mm。避雷接地一般每三层与均压环连接。

⑤兼有防雷功能的幕墙压顶板宜采用厚度不小于3mm的铝合金板制造，与主体结构屋顶的防雷系统应有效连通。

⑥在有镀膜层的构件上进行防雷连接，应除去其镀膜层。

⑦使用不同材料的防雷连接应避免产生双金属腐蚀。

⑧防雷连接的钢构件在完成后都应进行防锈油漆。

(9)一般建筑幕墙的保温、隔热构造要求。

①有保温要求的玻璃幕墙应采用中空玻璃，必要时采用隔热铝合金型材；有隔热要求的玻璃幕墙，宜设计适宜的遮阳装置或采用遮阳型玻璃。

②玻璃幕墙的保温材料应安装牢固，并应与玻璃保持30mm以上的距离。保温材料填塞应饱满、平整，不留间隙，其填塞密度、厚度应符合设计要求。

③玻璃幕墙的保温、隔热层安装内衬板时，内衬板四周宜套装弹性橡胶密封条，内衬板应与构件接缝严密。

④在冬季取暖地区，保温面板的隔汽铝箔面应朝向室内；无隔汽铝箔面时，应在室内侧有内衬隔汽板。

⑤金属与石材幕墙的保温材料可与金属板、石板结合在一起，但应与主体结构外表面有50mm以上的空气层（通气层），以供凝结水从幕墙层间排出。

3. 幕墙加工制作工艺知识

(1)工艺规程（工艺卡）编制的依据。

①零件的制造图及产品标准、技术条件。

②毛坯（型材）的详细资料。

③设备的资料，机床说明书。

④成品的有关资料说明书。

⑤订货合同。

⑥工艺可行性。

(2)工艺规程（工艺卡）的编写内容。

①注明产品图号、名称、产品型号、数量。

②产品所用材料的名称、牌号、规格、状态、毛料尺寸。

③工序简图。

④工序技术要求。

⑤操作要点。

⑥工装定位基准。

⑦产品加工工序的先后顺序及每个工序的加工内容和方法。

⑧选择每个工序所用的机床、工装、工具、量具编号。

⑨检验项目，检测方法、测量工具。

工艺规程（工艺卡）可以针对产品生产过程的不同及工作类别编制各自的工艺规程（工艺卡）。如装配工艺规程（工艺卡）、机械加工工艺规程（工艺卡）、冲压工艺规程（工艺卡）、注胶工艺规程(工艺卡)等。

工艺规程(工艺卡)的繁简程度根据生产类型不同而不同,如单件生产时可编制得简单些,只需要制定加工工序的先后顺序,即所谓"工艺路线",而成批生产时则要求编制得更为详尽,将工序内容具体编订出来,关键工序应有工序草图。

工序规程应一个图号编一份工艺文件,同一种装配编一份装配工艺规程(工艺卡),每类零件编一份加工工艺规程(工艺卡)。

工艺规程(工艺卡)文件的格式各个企业都不相同,可以按照自己企业的特点和惯用格式予以规定。

4. 幕墙施工图识读

幕墙是由玻璃、金属板、石板、钢(铝)骨架、螺栓、铆钉、焊缝等连接件组成的。由于这些内容的存在,因此幕墙施工图中常出现建筑和机械两种制图标准并存的局面。立面图和平面图可采用建筑制图标准;节点图、加工图可采用机械制图标准。

(1)幕墙施工图的组成。

①图纸目录。

②设计说明。

③平面图(主平面图、局部平面图、预埋件平面图)。

④立面图(主立面图、局部立面图)。

⑤剖面图(主剖面图、局部剖面图)。

⑥节点图包括。

a. 立柱、横梁主节点图。

b. 立柱和横梁连接节点图。

c. 开启扇连接节点图。

d. 不同类型幕墙转接节点图。

e. 平面和立面、转角、阴角、阳角节点图。

f. 封顶、封边、封底等封口节点图。

g. 典型防火节点图。

h. 典型防雷节点图。

i. 沉降缝、伸缩缝和抗震缝的处理节点图。

j. 预埋件节点图。

k. 其他特殊节点图。

⑦零件图。

(2)幕墙施工图的编号方法。

幕墙施工图编号方法目前尚无统一规定，现以某大型幕墙装饰工程有限公司的企业标准为例。

①幕墙及门窗工程施工图纸的编号方法以“BS—LM—01”为例，其中：

“BS”为工程代号，多以工程名称的两个或三个特征词的第一个拼音字母表示；

“LM”为分类代号，代表图纸的内容，见表 1-1。

“01”为序号。

表 1-1 分类代号表示法

图纸目录	平面图	立面图	大样图	预埋件平面布置图	钢架结构图	节点图	轴侧图
ML	PM	LM	DY	YM	GJ	* JD	ZC

②幕墙工程加工图纸的编号方法以“BS—JGT—LB—01”为例，其中：

“BS”为工程代号，同上；

“JGT”为图纸分类代号，加工图用“JGT”表示，组件装配图用“ZJ”表示，零件图用“LJ”表示，开模图用“MT”表示；

“LB”为材料分类代号，以加工材料的两个或三个特征词的第一个拼音字母表示。常用材料的编号表示方法见表1-2。

表1-2　幕墙材料分类代号表示法

铝板	玻璃	立柱	横梁	芯套	蜂窝铝板	压块	铝框	横梁盖板
LB	BL	LZ	HL	XT	FB	YK	LK	GB

③铝合金门窗工程加工图纸的编号方法以“BS—60TLC—S—01”为例，其中：

“BS”为工程代号，同上；

“60TLC”为门、窗代号，表示60系列推拉铝合金窗。其他门、窗代号见表1-3。

表1-3　基本门、窗代号表示法

名称	固定窗	平开窗	上悬窗	推拉窗	纱扇	平开门	推拉门	地弹簧门
代号	GLC	PLC	SLC	TLC	S	PLM	TLM	LDHM

(3)幕墙施工图的符号和图例。

①幕墙施工图索引符号、详图符号、引出线、剖切符号、断面符号、定位轴线符号与《房屋建筑制图统一标准》(GB/T 50001—2010)相同。

②幕墙施工图中混凝土、钢筋混凝土、砂、瓷砖、天然石材、毛石、空心砖、玻璃、金属、砖、塑料等图例与《房屋建筑制图统一标准》(GB/T 50001—2010)相同；型钢图例与《建筑结构制图标准》(GB/T 50105—2010)相同，见表1-4；门、窗图例与《建筑制图标准》(GB/T 50104—2010)相同。

③常用幕墙材料图例、常用幕墙紧固件图例目前尚无统一标准，现以某大型幕墙装饰工程有限公司的企业标准为例，见表1-5和表1-6。此两表图例仅供参考，图例表示的材料应参看图纸说明。

表 1-4　常用型钢的标注方法

序号	名称	截面	标注	说明
1	等边角钢	∟	∟ $b\times t$	b 为肢宽；t 为肢厚
2	不等边角钢	B ∟	∟ $B\times b\times t$	B 为长肢宽；b 为短肢宽；t 为肢厚
3	工字钢	I	I N　Q I N	轻型工字钢加注 Q 字；N 为工字钢的型号
4	槽钢	 [	[N　Q [N	轻型槽钢加注 Q 字；N 为槽钢的型号
5	方钢	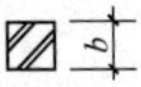 b	□ b	
6	扁钢	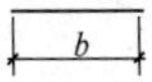 b	— $b\times t$	
7	钢板	 —	$\frac{-b\times t}{l}$	$\frac{宽\times厚}{板长}$
8	圆钢		ϕd	
9	钢管	○	$DN\times\times$ $d\times t$	内径 外径×壁厚
10	薄壁方钢管	□	B □ $b\times t$	

表 1-5　常用幕墙材料图例

序号	名称	图例	序号	名称	图例
1	聚乙烯发泡填料(HEX)		7	焊缝	h h (平面、立面) h (侧面、剖面)
2	结构胶(ANS137)				
3	耐候性密封胶(DOTS)		8	玻璃	h h
4	密封胶条(ANS137)		9	中空玻璃芯(HEX)	
5	双面胶条		10	岩棉	B
6	隔热条(ANS138)		11	窗台板(ANS134)	

表 1-6　常用幕墙紧固件图例

序号	名称	图例	序号	名称	图例
1	十字槽盘头螺钉		3	开槽盘头螺钉	
	简图			简图	
2	十字槽沉头螺钉		4	开槽沉头螺钉	
	简图			简图	

续表

序号	名称	图例	序号	名称	图例
5	开槽半沉头螺钉	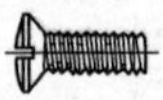	10	膨胀螺栓	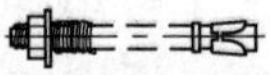
	简图	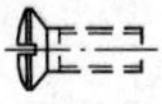		简图	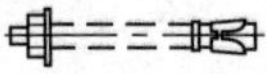
6	十字槽盘头自攻螺钉	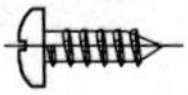	11	内六角圆柱头螺钉	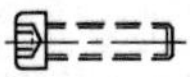
	简图	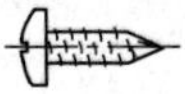			
7	十字槽沉头自攻螺钉		12	六角头螺栓	
	简图		13	拉钉	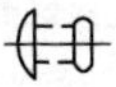
8	开槽盘头自攻螺钉		14	射钉	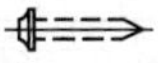
	简图	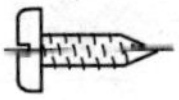	15	螺母	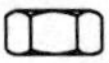
9	开槽沉头自攻螺钉		16	螺母头	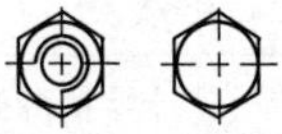
	简图		17	螺钉头	

(4)幕墙施工图的尺寸和标高标注。

立面图、平面图、剖面图尺寸和标高标注与《房屋建筑制图统一标准》(GB/T 50001—2010)相同。

节点图、零件图可采用机械制图标准,包括下列主要内容。

①尺寸组成及尺寸线终端形式(图 1-8)。

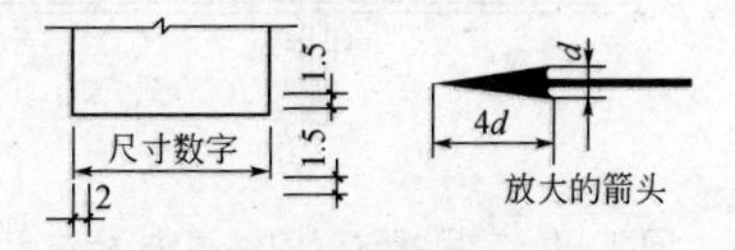

图 1-8　尺寸组成

②尺寸只注首先要保证的尺寸,而不注封闭尺寸(图 1-9)。

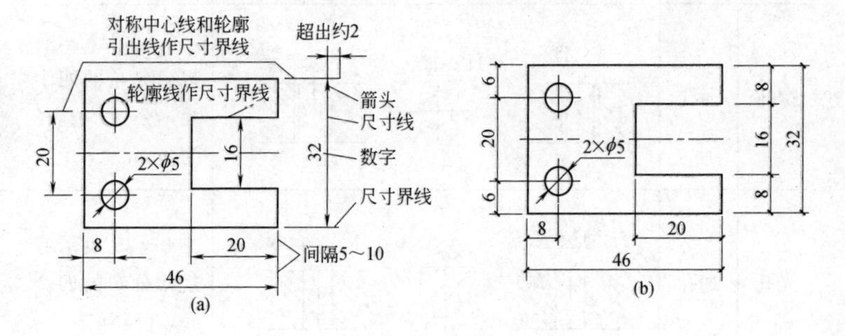

图 1-9　两种尺寸注法区别

(a)首先保证尺寸注法;(b)封闭尺寸注法

③螺栓、螺母、垫圈等常用螺纹紧固件画法、标注(图 1-10)。

④螺孔、光孔、沉孔等常见结构要素的尺寸标注(表 1-7)。

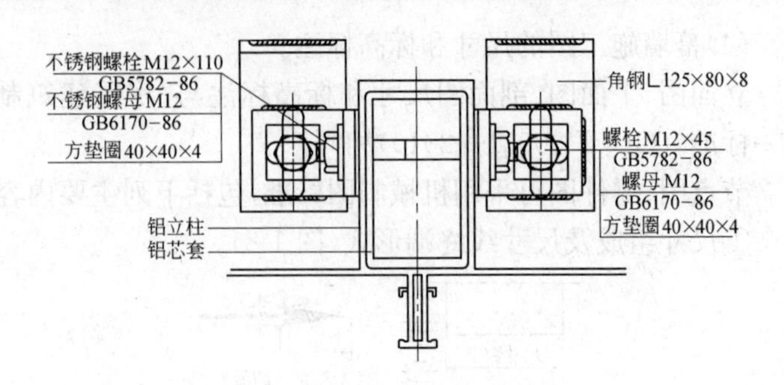

图 1-10　常用螺纹紧固件画法、标注

表 1-7　　螺孔、光孔、沉孔尺寸标注

零件结构类型		标注方法	说明
螺孔	通孔	4×M8　4×M8　4×M8	4×M8 表示有规律分布的四个孔，公称直径为 8mm
光孔	通孔	4×ϕ5　4×ϕ5　4×ϕ5	4×ϕ5 表示有规律分布的四个孔，直径为 5mm
沉孔	锥形沉孔	4×ϕ8 ∨ϕ13×90°　4×ϕ8 ∨ϕ13×90°　90° ϕ13 ϕ8	

⑤用车、铣、磨等加工的零件应标注表面粗糙度（表 1-8）。

表1-8　表面粗糙度高度参数的注写

代号	意义	代号	意义
3.2 √	用任何方法获得表面粗糙度，R_a 的上限值为 3.2μm	3.2 ▽	用去除材料方法获得的表面粗糙度，R_a 的上限值为 3.2μm

⑥尺寸公差的标注(图1-11)。

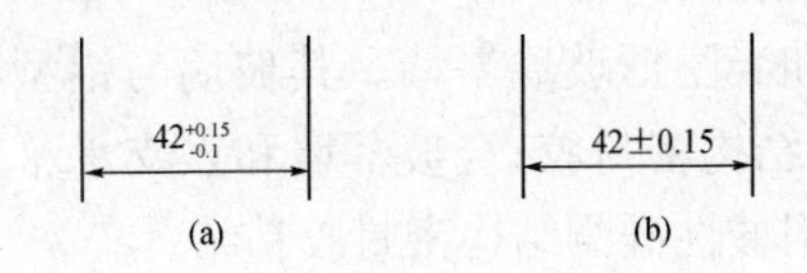

图1-11　绘制图样上的公差表示法

(a)表示正/负公差的值不相同;(b)表示正/负公差的值相同

二、建筑幕墙工程材料

1. 选材原则

(1)幕墙用材料应符合国家现行标准的有关规定及设计要求。尚无相应标准的材料应符合设计要求，并应有出厂合格证。

幕墙所使用的材料，概括起来，基本上可有四大类材料，即：骨架材料(铝合金型材、钢材、铝木或塑钢复合材料及隔热材料)、板块材料(玻璃、铝板、石板及其他材料)、密封填缝材料、结构粘接材料。作为外围护结构的幕墙，虽然不承受主体结构的荷载，但它处于建筑物的外表面，除承受本身的自重外，还要承受风荷载、地震作用和温度变化作用的影响。因此，要求幕墙必须安全可靠，所以，要求幕墙使用的材料都应该符合国家或行业标准规定的质量指标，少量暂时还没有国家或行业标准的材料，可按国外先进国家同类产品标准要求，生产企业制定企业标准作为产品质量控制依据。

(2)幕墙应选用耐气候性的材料。金属材料和金属零配件除不锈钢及耐候钢外,钢材应进行表面热浸镀锌处理、无机富锌涂料处理或采取其他有效的防腐措施,铝合金材料应进行表面阳极氧化、电泳涂漆、粉末喷涂或氟碳漆喷涂处理。

(3)幕墙材料宜采用不燃性材料或难燃性材料;防火密封构造应采用防火密封材料。

(4)隐框和半隐框玻璃幕墙。其玻璃与铝型材的粘结必须采用中性硅酮结构密封胶;全玻幕墙和点支承幕墙采用镀膜玻璃时,不应采用酸性硅酮结构密封胶粘结。

(5)硅酮结构密封胶和硅酮建筑密封胶必须在有效期内使用。

2. 铝合金材料

(1)玻璃幕墙采用铝合金材料的牌号所对应的化学成分应符合《变形铝及铝合金化学成分》(GB/T 3190—2008)的有关规定,铝合金型材质量应符合《铝合金建筑型材》(GB 5237.1~6—2008)的规定,型材尺寸允许偏差应达到高精级或超高精级。

(2)玻璃幕墙工程使用的铝合金型材,应进行壁厚、膜厚、硬度和表面质量的检验。

①用于横梁、立柱等主要受力杆件的截面受力部位的铝合金型材壁厚实测值不得小于3mm。

壁厚的检验,应采用分辨率为0.05mm的游标卡尺或分辨率为0.1mm的金属测厚仪在杆件同一截面的不同部位测量,测点不应少于5个,并取最小值。

②铝合金型材采用阳极氧化、电泳涂漆、粉末喷涂、氟碳漆喷涂进行表面处理时,应符合《铝合金建筑型材》(GB 5237.1~

6—2008)规定的质量要求,表面处理层的厚度应满足表1-9的要求。

表1-9　铝合金型材表面处理层的厚度

<table>
<tr><th colspan="2" rowspan="2">表面处理方法</th><th rowspan="2">膜厚级别
(涂层种类)</th><th colspan="2">厚度 $t/\mu m$</th></tr>
<tr><th>平均膜厚</th><th>局部膜厚</th></tr>
<tr><td colspan="2">阳极氧化</td><td>不低于AA15</td><td>$t \geqslant 15$</td><td>$t \geqslant 12$</td></tr>
<tr><td rowspan="3">电泳涂漆</td><td>阳极氧化膜</td><td>B</td><td>$t \geqslant 10$</td><td>$t \geqslant 8$</td></tr>
<tr><td>漆膜</td><td>B</td><td>—</td><td>$t \geqslant 7$</td></tr>
<tr><td>复合膜</td><td>B</td><td>—</td><td>$t \geqslant 16$</td></tr>
<tr><td colspan="2">粉末喷涂</td><td>—</td><td>—</td><td>$40 \leqslant t \leqslant 120$</td></tr>
<tr><td colspan="2">氟碳喷涂</td><td>—</td><td>$t \geqslant 40$</td><td>$t \geqslant 34$</td></tr>
</table>

检验膜厚,应采用分辨率为0.5μm的膜厚检测仪检测。每个杆件在装饰面不同部位的测点不应少于5个,同一测点应测量5次,取平均值,修约至整数。

③玻璃幕墙工程使用6063T5型材的韦氏硬度值,不得小于8;6063AT5型材的韦氏硬度值,不得小于10。

硬度的检验,应采用韦氏硬度计测量型材表面硬度。型材表面的涂层应清除干净,测点不应少于3个,并应以至少3点的测量值,取平均值,修约至0.5个单位值。

④铝合金型材表面质量,应符合下列规定。型材表面应清洁,色泽应均匀。型材表面不应有皱纹、起皮、腐蚀斑点、气泡、电灼伤、流痕、发黏以及膜(涂)层脱落等缺陷存在。

表面质量的检验,应在自然散射光条件小,不使用放大镜,观察检查。

(3)用穿条工艺生产的隔热铝型材,其隔热材料应使用PA66GF25(聚酰胺66+25玻璃纤维)材料,不得采用PVC材料。用浇注工艺生产的隔热铝型材，其隔热材料应使用 PUR（聚氨基甲酸乙酯）材料。连接部位的抗剪强度必须满足设计要求。

(4)与玻璃幕墙配套用铝合金门窗应符合《铝合金门窗》（GB/T 8478—2008）的规定。

(5)与玻璃幕墙配套用附件及紧固件应符合下列现行国家标准的规定：

《地弹簧》(QB/T 2697—2013)；

《平开铝合金窗执手》(QB/T 3886—1999)；

《铝合金窗不锈钢滑撑》(QB/T 3888—1999)；

《铝合金门插销》(QB/T 3885—1999)；

《铝合金窗撑挡》(QB/T 3887—1999)；

《铝合金门窗拉手》(QB/T 3889—1999)；

《铝合金窗锁》(QB/T 3890—1999)；

《铝合金门锁》(QB/T 3891—1999)；

《闭门器》(QB/T 2698—2013)；

《推拉铝合金门窗用滑轮》(QB/T 3892—1999)；

《紧固件　螺栓和螺钉通孔》(GB/T 5277—1985)；

《十字槽盘头螺钉》(GB/T 818—2016)；

《紧固件机械性能　螺栓、螺钉和螺柱》(GB/T 3098.1—2010)；

《紧固件机械性能　螺母　粗牙螺纹》(GB/T 3098.2—2000)；

《紧固件机械性能　螺母　细牙螺纹》(GB/T 3098.4—2000)；

《紧固件机械性能　自攻螺钉》(GB/T 3098.5—2016)；

《紧固件机械性能　不锈钢螺栓、螺钉和螺柱》(GB/T

3098.6—2014)；

《紧固件机械性能　不锈钢螺母》(GB/T 3098.15—2014)。

(6)幕墙采用的铝合金板材的表面处理层厚度及材质应符合《建筑幕墙》(GB/T 21086—2007)的有关规定。

(7)铝合金幕墙应根据幕墙面积、使用年限及性能要求，分别选用铝合金单板(简称单层铝板)、铝塑复合板、铝合金蜂窝板(简称蜂窝铝板)；铝合金板材应达到国家相关标准及设计的要求，并应有出厂合格证。

(8)根据防腐、装饰及建筑物的耐久年限的要求，对铝合金板材(单层铝板、铝塑复合板、蜂窝铝板)表面进行氟碳树脂处理时，应符合下列规定：

①氟碳树脂含量不应低于75%；海边及严重酸雨地区，可采用三道或四道氟碳树脂涂层，其厚度应大于40μm；其他地区，可采用两道氟碳树脂涂层，其厚度应大于25μm。

②氟碳树脂涂层应无起泡、裂纹、剥落等现象。

(9)单层铝板应符合下列现行国家标准的规定，幕墙用单层铝板厚度不应小于2.5mm。

①《一般工业用铝及铝合金板、带材　第1部分：一般要求》(GB/T 3880.1—2012)。

②《一般工业用铝及铝合金板、带材　第2部分：力学性能》(GB/T 3880.2—2012)。

③《一般工业用铝及铝合金板、带材　第3部分：尺寸偏差》(GB/T 3880.3—2012)。

④《变形铝及铝合金牌号表示方法》(GB/T 16474—2011)。

⑤《变形铝及铝合金状态代号》(GB/T 16475—2008)。

(10)铝塑复合板应符合下列规定。

①铝塑复合板的上下两层铝合金板的厚度均应为0.5mm，

其性能应符合《建筑幕墙用铝塑复合板》(GB/T 17748—2008)规定的外墙板的技术要求;铝合金板与夹心层的剥离强度标准值应大于7N/mm。

②幕墙选用普通型聚乙烯铝塑复合板时,必须符合《建筑设计防火规范》(GB 50016—2014)和《高层民用建筑设计防火规范》(GB 50045—95)(2005版)的规定。

(11)蜂窝铝板应符合下列规定。

①应根据幕墙的使用功能和耐久年限的要求,分别选用厚度为10mm、12mm、15mm、20mm和25mm的蜂窝铝板。

②厚度为10mm的蜂窝铝板应由1mm厚的正面铝合金板、0.5～0.8mm厚的背面铝合金板及铝蜂窝粘结而成;厚度在10mm以上的蜂窝铝板,其正背面铝合金板厚度均应为1mm。

3. 钢材

(1)玻璃幕墙用碳素结构钢和低合金结构钢的钢种、牌号和质量等级应符合下列现行国家标准和行业标准的规定:

《碳素结构钢》(GB/T 700—2006);

《优质碳素结构钢》(GB/T 699—2015);

《合金结构钢》(GB/T 3077—2015);

《低合金高强度结构钢》(GB/T 1591—2008);

《碳素结构钢和低合金结构钢热轧薄钢板及钢带》(GB 912—2008);

《碳素结构钢和低合金结构钢热轧厚钢板及钢带》(GB/T 3274—2007);

《结构用无缝钢管》(GB/T 8162—2008)。

(2)玻璃幕墙用不锈钢材宜采用奥氏体不锈钢,且含镍量不应小于8%。不锈钢材应符合下列现行国家相关标准的规定:

《不锈钢棒》(GB/T 1220—2007)；

《不锈钢冷加工钢棒》(GB/T 4226—2009)；

《不锈钢冷轧钢板和钢带》(GB/T 3280—2015)；

《不锈钢热轧钢板和钢带》(GB/T 4237—2015)；

《耐热钢钢板和钢带》(GB/T 4238—2015)。

(3)玻璃幕墙用耐候钢应符合《耐候结构钢》(GB/T 4171—2008)的规定。

(4)玻璃幕墙用碳素结构钢和低合金高强度结构钢应采取有效的防腐处理，当采用热浸镀锌防腐蚀处理时，锌膜厚度应符合《金属覆盖层　钢铁制件热浸镀锌层技术要求及试验方法》(GB/T 13912—2002)的规定。

(5)支承结构用碳素钢和低合金高强度结构钢采用氟碳漆喷涂或聚氨酯漆喷涂时，涂膜的厚度不宜小于35μm；在空气污染严重及海滨地区，涂膜厚度不宜小于45μm。

(6)点支承玻璃幕墙用的不锈钢绞线应符合《冷顶锻用不锈钢丝》(GB/T 4232—2009)、《不锈钢丝》(GB/T 4240—2009)、《不锈钢丝绳》(GB/T 9944—2015)的规定。

(7)点支承玻璃幕墙采用的锚具，其技术要求可按《预应力筋用锚具、夹具和连接器》(GB/T 14370—2015)及《预应力筋用锚具、夹具和连接器应用技术规程》(JGJ 85—2010)的规定执行。

(8)点支承玻璃幕墙的支承装置应符合《建筑玻璃点支承装置》(JG/T 138—2010)的规定；全玻幕墙用的支承装置应符合《建筑玻璃点支承装置》(JG/T 138—2010)和《吊挂式玻璃幕墙支承装置》(JG 139—2001)的规定。

(9)钢材之间进行焊接时，应符合《非合金钢及细晶粒钢焊条》(GB/T 5117—2012)、《热强钢焊条》(GB/T 5118—2012)以及《建筑钢结构焊接技术规程》(JGJ 81—2002)的规定。

4. 玻璃

(1)幕墙玻璃的外观质量和性能应符合下列现行国家标准的规定：

《建筑用安全玻璃　第2部分：钢化玻璃》(GB 15763.2—2005)。

《半钢化玻璃》(GB/T 17841—2008)。

《建筑用安全玻璃　第3部分：夹层玻璃》(GB 15763.3—2009)。

《中空玻璃》(GB/T 11944—2012)。

《平板玻璃》(GB 11614—2009)。

《建筑用安全玻璃　第1部分：防火玻璃》(GB 15763.1—2001)。

《镀膜玻璃　第1部分　阳光控制镀膜玻璃》(GB/T 18915.1—2013)。

《镀膜玻璃　第2部分　低辐射镀膜玻璃》(GB/T 18915.2—2013)。

(2)玻璃幕墙采用阳光控制镀膜玻璃时，离线法生产的镀膜玻璃应采用真空磁控溅射法生产工艺；在线法生产的镀膜玻璃应采用热喷涂法生产工艺。

(3)玻璃幕墙采用中空玻璃时，除应符合《中空玻璃》(GB 11944—2012)的有关规定外，尚应符合下列规定：

①中空玻璃气体层厚度不应小于9mm。

②中空玻璃应采用双道密封。一道密封应采用丁基热熔密封胶。隐框、半隐框和点支式玻璃幕墙用中空玻璃的二道密封胶应采用硅酮结构密封胶；明框玻璃幕墙用中空玻璃的二道密

封宜采用聚硫类中空玻璃密封胶，也可采用硅酮密封胶。二道密封应采用专用打胶机进行混合、打胶。

③中空玻璃的间隔铝框可采用连续折弯型或插角型，不得使用热熔型间隔胶条。间隔铝框中的干燥剂宜采用专用设备装填。

④中空玻璃加工过程应采取措施，消除玻璃表面可能产生的凹、凸现象。

(4)钢化玻璃宜经过二次热处理。

(5)玻璃幕墙采用夹层玻璃时，应采用干法加工合成，其夹片宜采用聚乙烯醇缩丁醛(PVB)胶片；夹层玻璃合片时，应严格控制温、湿度。

(6)玻璃幕墙采用单片低辐射镀膜玻璃时，应使用在线热喷涂低辐射镀膜玻璃；离线镀膜的低辐射镀膜玻璃宜加工成中空玻璃使用，其镀膜面应朝向中空气体层。

(7)有防火要求的幕墙玻璃，应根据防火等级要求，采用单片防火玻璃或其制品。

(8)玻璃幕墙的采光用彩釉玻璃，釉料宜采用丝网印刷。

(9)玻璃幕墙工程使用的玻璃，应进行厚度、边长、外观质量、应力和边缘处理情况的检验。

(10)玻璃厚度的允许偏差，应符合表1-10的规定。

(11)检验玻璃的厚度，应采用下列方法：

①玻璃安装或组装前，可用分辨率为0.02mm的游标卡尺测量被检玻璃每边的中点，测量结果取平均值，修约到小数点后二位。

②对已安装的幕墙玻璃，可用分辨率为0.1mm的玻璃测厚仪在被检玻璃上随机取4点进行检测，取平均值，修约至小数点后一位。

(12)玻璃边长的检验指标,应符合下列规定。

①单片玻璃边长允许偏差应符合表 1-11 的规定。

②中空玻璃的边长允许偏差应符合表 1-12 的规定。

表 1-10 玻璃厚度允许偏差 (单位:mm)

玻璃厚度	允许偏差		
	单片玻璃	中空玻璃	夹层玻璃
5	±0.2	δ<17 时,±1.0 δ=17～22 时,±1.5 δ>22 时,±2.0	厚度偏差不大于玻璃原片允许偏差和中间层允许偏差之和。中间层总厚度小于 2mm 时,允许偏差±0;中间层总厚度大于或等于 2mm 时,允许偏差±0.2mm
6			
8	±0.3		
10			
12	±0.4		
15	±0.6		
19	±1.0		

注:δ是中空玻璃的公称厚度,表示两片玻璃厚度与间隔厚度之和。

表 1-11 单片玻璃边长允许偏差 (单位:mm)

玻璃厚度	允许偏差		
	$L \leqslant 1000$	$1000 < L \leqslant 2000$	$2000 < L \leqslant 3000$
5,6	±1	+1,−2	+1,−2
8,10,12	+1,−2	+1,−3	+2,−4

表 1-12 中空玻璃边长允许偏差 (单位:mm)

长度	允许偏差	长度	允许偏
<1000	+1.0;−2.0	>2000～2500	+1.5;−3.0
1000～2000	+1.0;−2.5		

③夹层玻璃的边长允许偏差应符合表 1-13 的规定。

表1-13　夹层玻璃长度和宽度允许偏差　(单位:mm)

公称尺寸(边长L)	公称厚度≤8	公称厚度>8	
		每块玻璃公称厚度<10	至少一块玻璃公称厚度≥10
$L\leqslant1100$	+2.0 −2.0	+2.5 −2.0	+3.5 −2.5
$1100<L\leqslant1500$	+3.0 −2.0	+3.5 −2.0	+4.5 −3.0
$1500<L\leqslant2000$	+3.0 −2.0	+3.5 −2.0	+5.0 −3.5
$2000<L\leqslant2500$	+4.5 −2.5	+5.0 −3.0	+6.0 −4.0
$L>2500$	+5.0 −3.0	+5.5 −3.5	+6.5 −4.5

(13)玻璃边长的检验,应在玻璃安装或检验以前,用分度值为1mm的钢卷尺沿玻璃周边测量,取最大偏差值。

(14)玻璃外观质量的检验指标,应符合下列规定。

①钢化、半钢化玻璃外观质量应符合表1-14的规定。

表1-14　钢化、半钢化玻璃外观质量

缺陷名称	检验要求
爆边	不允许存在
划伤	每平方米允许6条$a\leqslant100$mm,$b\leqslant0.1$mm
	每平方米允许3条$a\leqslant100$mm,$0.1\text{mm}<b\leqslant0.5$mm
裂纹、缺角	不允许存在

注:a—玻璃划伤长度;b—玻璃划伤宽度。

②热反射玻璃外观质量应符合表1-15的规定。

表 1-15 热反射玻璃外观质量

缺陷名称	检验要求
针眼	距边部 75mm 内，每平方米允许 8 处或中部每平方米允许 3 处，$1.6mm<d\leqslant 2.5mm$
	不允许存在 $d>2.5mm$
斑纹	不允许存在
斑点	每平方米允许 8 处，$1.6mm<d\leqslant 5.0mm$
划伤	每平方米允许 2 条，$a\leqslant 100mm$，$0.3mm<b\leqslant 0.8mm$

注：d—玻璃缺陷直径；a—玻璃划伤长度；b—玻璃划伤宽度。

③夹层玻璃外观质量应符合表 1-16 的规定。

表 1-16 夹层玻璃外观质量

缺陷名称	检验要求
胶合层气泡	直径 300mm 圆内允许长度为 1～2mm 的胶合层气泡 2 个
胶合层杂质	直径 500mm 圆内允许长度为 3mm 的胶合层杂质 2 个
裂纹	不允许存在
爆边	长度或宽度不允许超过玻璃的厚度
划伤，磨伤	不得影响使用
脱胶	不允许存在

(15)玻璃外观质量的检验，应在良好的自然光或散射光照条件下，距玻璃正面约 600mm 处，观察被检玻璃表面。缺陷尺寸应采用精度为 0.1mm 的读数显微镜测量。

(16)玻璃应力的检验指标，应符合下列规定。

①幕墙玻璃的品种应符合设计要求。

②用于幕墙的钢化玻璃的表面应力为 $\sigma\geqslant 95$，半钢化玻璃的表面应力为$24<\sigma\leqslant 69$。

(17)玻璃应力的检验，应采用下列方法。

①用偏振片确定玻璃是否经钢化处理。

②用表面应力检测仪测量玻璃表面应力。

(18)幕墙玻璃边缘的处理，应进行机械磨边、倒棱、倒角，磨轮的目数应在180目以上。点支承幕墙玻璃的孔、板边缘均应进行磨边和倒棱，磨边宜细磨，倒棱宽度不宜小于1mm。

(19)幕墙玻璃边缘处理的检验，应采用观察检查和手试的方法。

(20)中空玻璃质量的检验指标，应符合下列规定。

①玻璃厚度及空气隔层的厚度应符合设计及标准要求。

②中空玻璃对角线之差不应大于对角线平均长度的0.2%。

③胶层应双道密封，外层密封胶胶层宽度不应小于5mm。半隐框和隐框幕墙的中空玻璃的外层应采用硅酮结构胶密封，胶层宽度应符合结构计算要求。内层密封采用丁基密封腻子，打胶应均匀、饱满、无空隙。

④中空玻璃的内表面不得有妨碍透视的污迹及胶粘剂飞溅现象。

(21)中空玻璃质量的检验，应采用下列方法。

①在玻璃安装或组装前，以分度值为1mm的直尺或分辨率为0.05mm的游标卡尺在被检玻璃的周边各取两点，测量玻璃及空气隔层的厚度和胶层厚度。

②以分度值为1mm的钢卷尺测量中空玻璃两对角线长度差。

③观察玻璃的外观及打胶质量情况。

5. 石材

石材幕墙用天然石板材有天然大理石建筑板材、天然花岗石建筑板材和天然凝灰石(砂岩)建筑板材以及建筑装饰用微晶玻璃和建筑幕墙用瓷板。

(1)石材科学的分类方法应该是根据石材的地质组成来划分其种类，从地质学的角度来看，地壳土层中的岩石分为下列三类。

①火成岩。这些岩石从热的熔化材料中形成，花岗石和玄武岩是火成岩中的两种。

②沉积岩。这些岩石起源于其他岩石的碎片和残骸，这些碎片在水、风、重力及冰等各种因素的作用下移动到一个由沉积物形成的盆地中沉积，沉积物压缩和胶结后形成坚硬的沉积岩。沉积岩由其他岩石中丰富的物质组成，石灰岩、砂岩以及凝灰石是沉积岩中的三类型。

③变质岩。这些岩石形成于其他已经存在的岩石在受热或压力作用下进行了结晶或重结晶。大理石、板页岩和石英岩是变质岩中的三种。

幕墙石材宜选用火成岩，石材吸水率应小于0.8%。石材表面应采用机械进行加工，加工后的表面应用高压水冲洗或用水和刷子清理，严禁用溶剂型的化学清洁剂清洗石材。

(2)石材幕墙所选用的材料应符合下列现行国家和行业产品标准的规定，同时应有出厂合格证，材料的物理力学及耐候性能应符合设计要求。

《玻璃幕墙工程技术规范》(JGJ 102—2003)

《金属与石材幕墙工程技术规范》(JGJ 133—2001)。

《天然大理石建筑板材》(GB/T 19766—2005)。

《天然花岗石建筑板材》(GB/T 18601—2009)。

《天然大理石荒料》(JC/T 202—2011)。

《天然花岗石荒料》(JC/T 204—2011)。

《天然石材统一编号》(GB/T 17670—2008)。

《建筑装饰用微晶玻璃》(JC/T 872—2000)。

《建筑幕墙用瓷板》(JG/T 217—2007)。

《建筑材料放射性核素限量》(GB 6566—2010)。

(3)花岗石。《天然花岗石建筑板材》(GB/T 18601—2009)对天然花岗石板材的技术要求规定如下：

①普型板材规格尺寸允许偏差应符合表1-17的规定，异型板材规格、尺寸允许偏差由供需双方商定。

表1-17　板材规格尺寸允许偏差　(单位：mm)

<table>
<tr><th colspan="2" rowspan="2">项目</th><th colspan="3">亚光面和镜面板材</th><th colspan="3">粗面板材</th></tr>
<tr><th>优等品</th><th>一等品</th><th>合格品</th><th>优等品</th><th>一等品</th><th>合格品</th></tr>
<tr><td colspan="2">长度、宽度</td><td colspan="2">0
−0.1</td><td>0
−1.5</td><td colspan="2">0
−1.0</td><td>0
−1.5</td></tr>
<tr><td rowspan="2">厚度</td><td>≤12</td><td>±0.5</td><td>±1.0</td><td>+1.0
−1.5</td><td colspan="3">—</td></tr>
<tr><td>>12</td><td>±1.0</td><td>±1.5</td><td>±2.0</td><td>+1.0
−2.0</td><td>±2.0</td><td>+2.0
−3.0</td></tr>
</table>

②平面度允许极限公差应符合表1-18的规定。

表1-18　板材平面度允许极限公差　(单位：mm)

板材长度	亚光面和镜面板材			粗面板材		
	优等品	一等品	合格品	优等品	一等品	合格品
≤400	0.20	0.35	0.50	0.60	0.80	1.00
>400~≤800	0.50	0.65	0.80	1.20	1.50	1.80
>800	0.70	0.85	1.00	1.50	1.80	2.00

③普型板材的角度允许极限公差应符合表1-19的规定，拼缝板材正面与侧面的夹角不得大于90°。

表1-19　普型板材的角度允许极限公差　(单位：mm)

板材边长	优等品	一等品	合格品	板材边长	优等品	一等品	合格品
≤400	0.30	0.50	0.80	>400	0.40	0.60	1.00

④外观质量。同一批板材的色调应基本调和，花纹应基本一致。板材正面外观质量应符合表 1-20 的规定。

表 1-20　　板材正面外观质量

<table>
<tr><th>缺陷名称</th><th>规定内容</th><th>优等品</th><th>一等品</th><th>合格品</th></tr>
<tr><td>缺棱</td><td>长度不超过 10mm，宽度不超过 1.2mm，（长度小于 5mm、宽度小于 1.0mm 不计），周边每米长允许个数（个）</td><td rowspan="5">不允许</td><td rowspan="3">1</td><td rowspan="3">2</td></tr>
<tr><td>缺角</td><td>沿板材边长，长度≤3mm，宽度≤3mm（长度≤2mm、宽度≤2mm 不计），每块板允许个数（个）</td></tr>
<tr><td>裂纹</td><td>长度不超过两端顺延至板边总长度的 1/10（长度小于 20mm 的不计），每块板允许条数（条）</td></tr>
<tr><td>色斑</td><td>面积不超过 15mm×30mm（面积小于 10mm×10mm 不计），每块板允许个数（个）</td><td rowspan="2">2</td><td rowspan="2">3</td></tr>
<tr><td>色线</td><td>长度不超过两端顺延至板边总长度的 1/10（长度小于 40mm 的不计），每块板允许条数（条）</td></tr>
</table>

注：干挂板材不允许裂纹存在。

⑤物理性能。

a. 镜面板材的镜面光泽度不低于 80 光泽单位。

b. 体积密度不小于 $2.56g/cm^3$。吸水率不大于 0.6%。

c. 干燥压缩强度不小于 100MPa。干燥（水饱和）弯曲强度不小于 8MPa。

《天然花岗石荒料》（JC/T 204—2011）规定了具有直角六面体形状的天然花岗石荒料（以下简称荒料）产品的分类方法、技术要求。

⑥产品分类。按规格尺寸将荒料分为三类，见表 1-21。

表 1-21　荒料规格尺寸　(单位:cm×cm×cm)

类别	大料	中料	小料
长度×宽度×高度≥	245×100×150	185×60×95	65×40×70

⑦技术要求。

a. 荒料应具有直角六面体形状。荒料各部位名称见图 1-12。

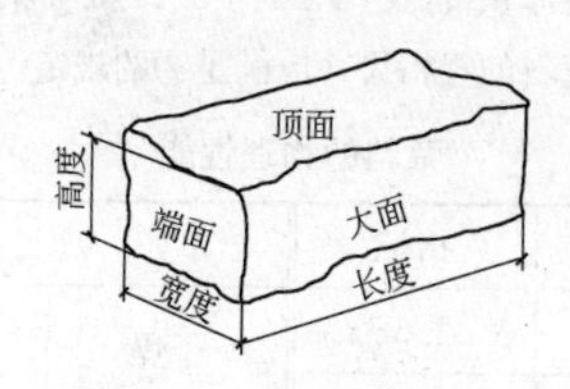

图 1-12　荒料各部位名称

b. 荒料的最小规格尺寸应符合表 1-22 的规定。

c. 荒料的长度、宽度、高度极差,应符合表 1-23 的规定。

表 1-22　荒料的最小规格尺寸　(单位:cm)

项目	长度	宽度	高度
指标≥	65	40	70

表 1-23　荒料的长度、宽度、高度极差　(单位:cm)

等级	≤160	>160
极差≤	4.0	6.0

d. 外观质量。同一批荒料的色调、花纹、颗粒结构应基本一致;荒料的外观质量要求应符合表 1-24 的规定。

e. 荒料的物理性能指标应符合表 1-25 的规定。

表 1-24　　荒料的外观质量

缺陷名称	规定内容	技术指标
裂纹	允许条数(条)	2
色斑	面积小于 $10cm^2$(面积小于 $3cm^2$ 不计),每面允许个数(个)	3
色线	长度小于 50cm,每面允许条数(条)	3

注:裂纹所造成的荒料体积按(JC/T 204—2011)6.5 条的规定进行扣除。扣除体积损失后每块荒料的规格尺寸应满足②的规定。

表 1-25　　荒料的物理性能

<table>
<tr><th>项目</th><th>指标</th><th colspan="2">项目</th><th>指标</th></tr>
<tr><td>体积密度/(g/cm³)</td><td>2.56</td><td rowspan="2">干燥</td><td rowspan="3">弯曲强度/MPa</td><td rowspan="3">8.0</td></tr>
<tr><td>吸水率/%</td><td>0.60</td></tr>
<tr><td>干燥压缩强度/MPa</td><td>100.0</td><td>水饱和度</td></tr>
</table>

f. 荒料中放射性核素的比活度应符合《建筑材料放射性核素限量》(GB 6566—2010)的规定。

6. 建筑密封材料

(1)玻璃幕墙的橡胶制品,宜采用三元乙丙橡胶、氯丁橡胶及硅橡胶。

(2)密封胶条应符合《建筑橡胶密封垫——预成型实心硫化的结构密封垫用材料规范》(HG/T 3099—2004)及《工业用橡胶板》(GB/T 5574—2008)的规定。

(3)中空玻璃第一道密封用丁基热熔密封胶,应符合《中空玻璃用丁基热熔密封胶》(JC/T 914—2014)的规定。不承受荷载的第二道密封胶应符合《中空玻璃用弹性密封胶》(JC/T 486—2001)的规定;隐框或半隐框玻璃幕墙用中空玻璃的第二道密封胶除应符合《中空玻璃用弹性密封胶》(JC/T 486—2001)的规定外,尚应符合本节“七、硅酮结构密封胶”的有关规定。

(4)玻璃幕墙的耐候密封应采用硅酮建筑密封胶;点支承幕墙和全玻幕墙使用非镀膜玻璃时,其耐候密封可采用酸性硅酮建筑密封胶,其性能应符合国家现行标准《幕墙玻璃接缝用密封胶》(JC/T 882—2001)的规定。夹层玻璃板缝间的密封,宜采用中性硅酮建筑密封胶。

7. 硅酮结构密封胶

(1)幕墙用中性硅酮结构密封胶及酸性硅酮结构密封胶的性能,应符合现行国家标准《建筑用硅酮结构密封胶》(GB 16776—2005)的规定。

(2)硅酮结构密封胶使用前,应经国家认可的检测机构进行与其相接触材料的相容性和剥离粘结性试验,并应对邵氏硬度、标准状态拉伸粘结性能进行复验。检验不合格的产品不得使用。进口硅酮结构密封胶应具有商检报告。

(3)硅酮结构密封胶生产商应提供其结构胶的变位承受能力数据和质量保证书。

8. 紧固件

幕墙构件连接,除隐框幕墙结构装配组件玻璃与铝框的连接采用硅酮密封胶胶接外,通常用紧固件连接。紧固件把两个以上的金属或非金属构件连接在一起,连接方法分不可拆卸连接和可拆卸连接两类。铆合属于不可拆卸连接,螺纹连接属于可拆卸连接,使用这类连接的构件可以自由拆卸,使用方便。

紧固件有普通螺栓、螺钉、螺柱和螺母,不锈钢螺栓、螺钉、螺柱和螺母以及抽芯铆钉、自钻自攻螺钉、自攻螺钉。

(1)螺栓。

①六角头螺栓-C级。

用途:用于表面粗糙、对精度要求不高的连接。常用规格见表1-26。

表1-26　六角头螺栓-C级常用规格　(单位:mm)

螺纹规格 d		M5	M6	M8	M10	M12	M16	M20	M24
b 参考	$l\leqslant125$	16	18	22	26	30	38	46	54
	$125<l\leqslant200$	—	—	28	32	36	44	52	60
	$l>200$	—	—	—	—	—	57	65	73
l 公称		25~50	30~60	35~80	40~100	45~120	55~160	65~200	80~240

注:l 系列:25,30,35,40,45,60,65,70,80,90,100,110,120,130,140,150,160,180,200,220,240。

②六角头螺栓-全螺纹-C级。

用途:用于表面粗糙、对精度要求不高但要求较长螺纹的连接。常用规格见表1-27。

表1-27　六角头螺栓-全螺纹-C级常用规格　(单位:mm)

螺纹规格 d	M5	M6	M8	M10	M12	M16	M20	M24
l 公称	10~40	12~50	16~65	20~80	25~100	35~100	40~100	50~100

注:l 系列:10,12,16,20,25,30,40,45,50,55,60,65,70,80,90,100。

③六角头螺栓-A和B级。

用途:用于表面光洁,对精度要求高的连接。常用规格见表1-26。

公差产品等级:A级适用于 $d\leqslant24$ 和 $l\leqslant10d$ 或 $\leqslant150$mm(较小值);

B级适用于 $d>24$ 和 $l>10d$ 或 >1500mm(较小值)。

④钢膨胀螺栓。

用途:用于构件与水泥基(墙)的连接。常用规格见表1-28。

表1-28　常用规格　(单位:mm)

螺纹规格 d	螺栓总长 l	胀管		被连接件厚度 H	钻孔		允许承受拉(剪)力			
		外径 D	长度 l_1		直径	深度	静止状态		悬吊状态	
							拉力	剪力	拉力	剪力
(mm)							(N)			
M6	65,75,85	10	35	L-55	10.5	35	2354	1765	1667	1226
M8	80,90,100	12	45	L-65	12.5	45	4315	3236	2354	1765
M10	95,110,125,130	14	55	L-75	14.5	55	6865	5100	4315	3236
M12	110,130,150,200	18	65	L-90	19	65	10101	7257	6865	5100
M16	150,175,200,220,250,300	22	90	L-120	23	90	19125	1373	10101	7257

注:被连接件厚度 H 计算方法举例:

螺栓规格为M12×130,其 $H=L-90=130-90=40$mm。

(2)螺钉。

①开槽圆柱头螺钉。包括开槽盘头螺钉和开槽沉头螺钉等。

用途:用于两个构件的连接,与六角头螺栓的区别是头部用平头改锥拧动。常用规格见表1-29。

表1-29　常用规格　(单位:mm)

螺纹规格 d		M2.5	M3	M4	M5	M6	M8	M10
b	圆柱头	—	—	38	38	38	38	38
	盘头	25	25	38	38	38	38	38
	沉头	25	25	38	38	38	38	38
	半沉头	25	25	38	38	38	38	38
l 公称		4～25	5～30	6～40	8～50	8～60	10～80	12～80

注:l 系列:4,5,6,8,10,12,14,16,20,25,30,40,45,50,55,60,65,70,75,80。

②十字槽盘头螺钉。包括十字槽沉头螺钉和十字槽半沉头螺钉。

用途:用于两构件连接,与六角头螺栓的区别是头部用十字改锥拧动。常用规格见表 1-30。

表 1-30　　常用规格　　(单位:mm)

螺纹规格 d	M2.5	M3	M4	M5	M6	M8	M10
b 分钟	25	25	38	38	38	38	38
l 公称	3～25	4～30	5～40	6～50	8～60	10～60	12～60

注:l 系列:3,4,5,6,8,10,12,14,16,20,25,30,40,45,50,55,60。

③开槽盘头自攻螺钉。包括开槽沉头自攻螺钉、开槽半沉头自攻螺钉、六角头自攻螺钉、十字槽盘头自攻螺钉、十字槽沉头自攻螺钉、十字槽半沉头自攻螺钉。

用途:用于薄片(金属、塑料等)与金属基体的连接。常用规格见表 1-31。

(3)螺母。

1 型六角螺母-C 级;1 型六角螺母-A 级和 B 级;2 型六角螺母-A 级和 B 级。

用途:与螺栓、螺柱、螺钉配合使用,连接紧固构件。

C 级用于表面粗糙、对精度要求不高的连接。A 级用于螺纹直径≤16mm;B 级用于螺纹直径＞16mm,表面光洁,对精度要求较高的连接。常用规格见表 1-32。

表 1-31　常用规格　（单位:mm）

螺纹规格 d	螺纹大径		螺距 p	对边宽度 s	十字槽号	螺杆长度 l					
						十字槽自攻螺钉		开槽自攻螺钉			六角头自攻螺钉
	号码	≤				盘头	沉头半沉头	盘头	沉头	半沉头	
ST2.2	2	2.24	0.8	3.2	0	4.5～16	4.5～16	4.5～16	4.5～16	4.5～16	4.5～16
ST2.9	4	2.19	1.1	5	1	6.5～19	6.5～19	6.5～19	6.5～19	6.5～19	6.5～19
ST3.5	6	3.53	1.3	5.5	2	9.5～25	9.5～25	6.5～22	9.5～25	9.5～22	6.5～22
ST4.2	8	4.22	1.4	7	2	9.5～32	9.5～32	9.5～25	9.5～32	9.5～25	9.5～25
ST4.8	10	4.8	1.6	8	2	9.5～38	9.5～32	9.5～32	9.5～32	9.5～32	9.5～32
ST5.5	12	5.46	1.8	8	3	13～38	13～38	13～32	13～38	13～32	13～32
ST6.3	14	6.25	1.8	10	3	13～38	13～38	13～38	13～38	13～38	13～38
ST8	16	8	2.1	13	4	16～50	16～50	16～50	16～50	16～50	16～50
ST9.5	20	9.65	2.1	16	4	16～50	16～50	16～50	16～50	16～50	16～50

注：l 系列：4，5，6.5，9.5，13，16，19，22，25，32，38，45，50。

表 1-32　常用规格　（单位:mm）

螺纹规格 D	对边宽度 s	螺母最大厚度/m		
		1型	1型	2型
		C级	A级和B级	
M4	7	—	3.2	—
M5	8	5.6	4.7	5.1
M6	10	6.1	5.2	5.7
M8	13	7.9	6.8	7.5
M10	16	9.5	8.4	9.3
M12	18	12.2	10.8	12
M16	24	15.9	14.8	16.4
M20	30	18.7	18	20.3

(4)铆钉。

包括封闭型平圆头抽芯铆钉、封闭型沉头抽芯铆钉、开口型扁圆头抽芯铆钉、开口型沉头抽芯铆钉。

用途:用于金属结构上的金属件铆接。

①封闭型平圆头抽芯铆钉。铆钉尺寸见图 1-13 和表 1-33。

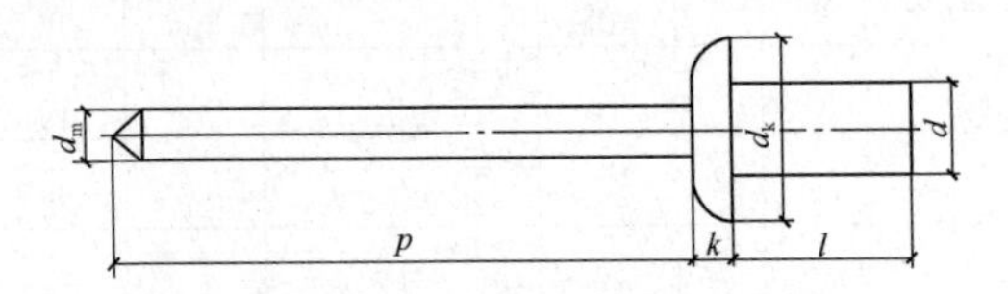

图 1-13　封闭型平圆头抽芯铆钉尺寸

表 1-33　封闭型平圆头抽芯铆钉尺寸　(单位:mm)

<table>
<tr><td rowspan="6">钉体</td><td rowspan="3">d</td><td>公称</td><td>3.2</td><td>4</td><td>4.8</td><td>6.4</td></tr>
<tr><td>max</td><td>3.28</td><td>4.08</td><td>4.88</td><td>6.48</td></tr>
<tr><td>min</td><td>3.05</td><td>3.85</td><td>4.65</td><td>6.25</td></tr>
<tr><td rowspan="2">d_k</td><td>max</td><td>6.7</td><td>8.4</td><td>10.1</td><td>13.4</td></tr>
<tr><td>min</td><td>5.8</td><td>6.9</td><td>8.3</td><td>11.6</td></tr>
<tr><td>k</td><td>max</td><td>1.3</td><td>1.7</td><td>2</td><td>2.7</td></tr>
<tr><td rowspan="2">钉芯</td><td>d_m</td><td>max</td><td>1.85</td><td>2.35</td><td>2.77</td><td>3.71</td></tr>
<tr><td>p</td><td>min</td><td colspan="2">25</td><td colspan="2">27</td></tr>
<tr><td colspan="3">铆钉长度 l</td><td colspan="4" rowspan="2">推荐的铆钉范围</td></tr>
<tr><td colspan="2">公称 min</td><td>max</td></tr>
<tr><td colspan="2">8.0</td><td>9.0</td><td>0.5～3.5</td><td>—</td><td>1.0～3.5</td><td>—</td></tr>
<tr><td colspan="2">9.5</td><td>10.5</td><td>3.5～5.0</td><td>1.0～5.0</td><td>—</td><td>—</td></tr>
<tr><td colspan="2">11.0</td><td>12.0</td><td>5.0～6.5</td><td>—</td><td>3.5～6.5</td><td>—</td></tr>
<tr><td colspan="2">11.5</td><td>12.5</td><td>—</td><td>5.0～6.5</td><td>—</td><td>—</td></tr>
<tr><td colspan="2">12.5</td><td>13.5</td><td>—</td><td>6.5～8.0</td><td>—</td><td>1.5～7.0</td></tr>
<tr><td colspan="2">14.5</td><td>15.5</td><td>—</td><td>—</td><td>6.5～9.5</td><td>7.0～8.5</td></tr>
<tr><td colspan="2">18.0</td><td>19.0</td><td>—</td><td>—</td><td>9.5～13.5</td><td>8.5～10.0</td></tr>
</table>

②封闭型沉头抽芯铆钉。铆钉尺寸见图 1-14 和表 1-34。

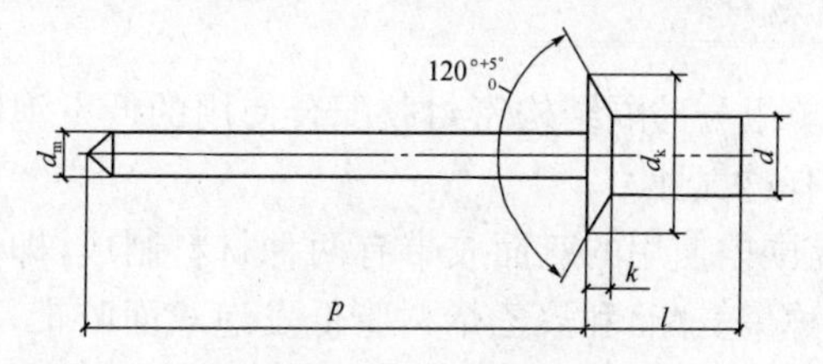

图 1-14　封闭型沉头抽芯铆钉尺寸

表 1-34　封闭型沉头抽芯铆钉尺寸　（单位：mm）

钉体	d	公称	3.2	4	4.8	5	6.4
		max	3.28	4.08	4.88	5.08	6.48
		min	3.05	3.85	4.65	4.85	6.25
	d_k	max	6.7	8.4	10.1	10.5	13.4
		min	5.8	6.9	8.3	8.7	11.6
	k	max	1.3	1.7	2	2.1	2.7
钉芯	d_m	max	1.85	2.35	2.77	2.8	3.71
	p	min	25		27		
铆钉长度 l			推荐的铆钉范围				
公称 min		max					
8		9	2.0～3.5	2.0～3.5	—		—
8.5		9.5	—	—	2.5～3.5		—
9.5		10.5	3.5～5.0	3.5～5.0	3.5～5.0		—
11		12	5.0～6.5	5.0～6.5	5.0～6.5		—
12.5		13.5	6.5～8.0	6.5～8.0	—		1.5～6.5
13		14	—	—	6.5～8.0		—
14.5		15.5	—	8～10	8.0～9.5		—
15.5		16.5	—	—	—		6.5～9.5
16		17	—	—	9.5～11.0		—
18		19	—	—	11.0～13.0		—
21		22	—	—	13.0～16.0		—

9. 其他材料

(1)与单组分硅酮结构密封胶配合使用的低发泡间隔双面胶带,应具有透气性。

①目前国内使用的双面胶带有两种材料制成,即聚氨基甲酸乙酯(又称聚氨酯)和聚乙烯树脂低发泡双面胶带,要根据幕墙承受的风荷载、高度和玻璃块的大小,同时要结合玻璃、铝合金型材的重量以及注胶厚度来选用双面胶带。选用的双面胶带在注胶过程中,既要能保证结构硅酮密封胶的注胶厚度,又要能保证结构硅酮密封胶的固化过程为自由状态,不受任何压力,从而充分保证了注胶的质量。

②当玻璃幕墙风荷载大于 1.8kN/m^2 时,宜选用中等硬度的聚氨基甲酸乙酯低发泡间隔双面胶带,其性能应符合表 1-35 的规定。

表 1-35　聚氨基甲酸乙酯低发泡间隔双面胶带的性能

项目	技术指标	项目	技术指标
密度	0.35g/cm^3	静态拉伸粘结性(2000h)	0.007N/mm^2
邵氏硬度	30～35 度		
拉伸强度	0.91N/mm^2	动态剪切强度(停留 15min)	0.28N/mm^2
延伸率	105%～125%	隔热值	0.55W/(m^2·K)
承受压应力(压缩率 10%)	0.11N/mm^2	高紫外线(300W,250～300mm,3000h)	颜色不变
动态拉伸粘结性(停留 15min)	0.39N/mm^2	烤漆耐污染性(70℃,200h)	无

③当玻璃幕墙风荷载小于或等于 1.8kN/m^2 时,宜选用聚乙烯低发泡间隔双面胶带,其性能应符合表 1-36 的规定。

(2)玻璃幕墙宜采用聚乙烯泡沫棒作填充材料,其密度不应大于 37kg/m³。

（3）玻璃幕墙的隔热保温材料，宜采用岩棉、矿棉、玻璃棉、防火板等不燃或难燃材料。

表 1-36　聚乙烯低发泡间隔双面胶带的性能

项目	技术指标	项目	技术指标
密度	0.21g/cm³	剥离强度	27.6N/mm²
邵氏硬度	40度	剪切强度	40N/mm²
拉伸强度	0.87N/mm²	隔热值	0.41W/(m²·K)
延伸率	125%	使用温度	−44～75℃
承受压应力(压缩率10%)	0.18N/mm²	施工温度	15～52℃

三、幕墙加工常用设备

幕墙常用设备包括：型材切割设备、型材钻孔设备、角接口切割机、加工中心、组框机、注胶机等。

1. 设备选择与工艺平面布置的原则

（1）考虑产品品种的要求。在选择设备与设计工艺平面布置时，首先要考虑生产什么产品、产品类型，以及其最大尺寸，根据产品选择相应型号的设备。

（2）考虑产品产量的要求。产品产量对设备选择和车间生产面积影响很大，应根据生产量计算生产设备的数量以及生产面积的大小。在成批生产条件下，为了提高生产效率可以采用高效的加工机床，例如以冲切工艺代替划线铣切工艺，配备一定数量的冲床。

（3）考虑产品零件加工精度。各种设备的加工精度是不同的，应根据产品要求的精度选择相应等级的设备。铝门窗幕墙产品零件的加工精度都不高,因此在选择设备时不必选择高精度的机床设备,以节省投资。

(4)在设计车间工艺布置时要考虑以下因素:

①按产量、按工作制、按工时定额计算所需生产面积。

②考虑必需的辅助面积:材料库、成品库、工具库、办公室等。

③机器和辅助设备在车间内的正确布置应按照加工程序和直线流通的原则,从原材料进车间直至完成产品的装配以及包装运输全过程,尽量不要交叉进行。正确的布置还要考虑到设备之间的效率、足够的运输设备和通道,以保证整个加工过程有条不紊。只能在生产面积上考虑得宽松一些,最多按两班制安排生产,并考虑在产品更新换代、增加必要的新设备时所需的生产面积,以便在一定时期内满足生产发展的需要。

2. 型材钻孔设备

型材钻孔设备为多头钻床。

(1)独特性能。

①此六头多头钻头,结构稳固,床身长 6300mm,可加工长度 6000mm。

②六个钻头可由控制台,控制独立地操作(可选配件)。

③机床的 X 轴方向稳定平直,Y、Z 轴方向操作轨道平阔。

④三个轴向分别由手轮和毫米量度尺控制调节。

⑤加工范围:150mm。

⑥最大型材高度:250mm,可附工具夹具。

⑦最大加工深度:120mm,可附多个钻头。

⑧配有深度定位器及气动式水平型材夹具。

⑨电机功率:1kW,380V,50Hz,主轴转速:3000r/min。

(2)标准配置

①1(套)型材 X 轴方向零位定位器。

②6(套)冷却喷雾装置。

(3)配套配件

①6(套)5头钻头自动式进给装置。

②6(套)电控无级转速控制装置,可调节范围:1500～5500r/min。

③6(套)电子控制加工行程显示装置,加工精度可达:±0.1mm。

④6(套)气动式垂直型材夹具。

⑤6(套)4轴钻头,轴间距22～122mm,最大加工深度8mm。

3. 角接口切割机

(1)性能。

①此半自动型接口切割机,性能更优越。

②最大切割范围(宽×高):185mm×185mm。

③接口切割宽度:300mm。

④进给速度:1～4m/min。

⑤型材定位角度:30°—90°—45°。

⑥转速:2880r/min。

⑦双向锯刀均可作垂直及水平方向的斜锥切割。

⑧水平方向锯刀可倾斜转动:45°—90°—45°。

⑨垂直方向锯刀可倾斜转动:60°—90°—25°(后—中—前)。

(2)优越特性。

①型材被定位夹紧后,切割头方可运作。

②配有切割安全防护罩,同时由双手控制操作板。

③此接口切割机同时可用作复合式斜锥切割机，以降低加工成本。

④电机驱动锯刀的进给＋电子显示器。

(3)标准配置。

①1(套)×气动式垂直、水平夹具。

②2(件)×电机(3.0kW,380V,50Hz)。

③2(件)×TCT 锯刀(直径 500mm)。

④1(件)×操作控制台。

4. 组框机

(1)性能。

①气动式推动操作。

②可升降式型材背靠支座。

③可上下调整式双夹角头。

④气动式型材夹具。

⑤配有操作安全防护罩。

⑥双头脚踏板气动操作，安全简便。

(2)标准配置。

①2(件)×可旋转式型材支撑架。

②3(组)×夹刀：1 组厚 3mm、1 组厚 5mm、1 组厚 7mm。

③2(件)×型材背靠支座；厚度分别为 15mm、30mm。

④2(件)×气动式垂直型材夹。

5. 注胶机

(1)注胶机操作规程。

①注胶是幕墙加工生产的关键工序，经培训合格的人员才允许操作注胶机。

②开机之前必须检查各开关是否在“停”位置，各仪表指示值在“0”位置，各连接件是否连接紧固，各润滑点是否需加注润滑油。

③启动注胶机，观察各仪表示值是否在规定示值范围，各连接件是否有泄漏现象。

④采用“蝴蝶试验”检验黑、白胶的混合情况，确认混合正常之后方可正式注胶，工作过程中，注意观察设备运行情况，注胶、混胶情况。

⑤工作完毕，中途休息，因故需停机时间超过10min者，必须用白胶清洗混胶器，清洗干净后方可停机。

(2)注胶过程中的常见问题。

①注胶过程往往会出现“白胶”，主要原因是：第一，注胶机的工作压力过高，注胶机往往会出“白胶”；第二，胶泵的单向阀不能关闭；第三，注胶枪的单向阀复位弹簧过紧；第四，阀门、活塞磨损过大引起内泄漏过大；第五，胶枪堵塞（主要是注胶器的螺旋棒）等，实际工作中要多加分析、辨别，以便对症下药。

②注胶过程中有时胶枪中会出现“噼噼啪啪”的爆破声，或胶中出现气泡，这主要是压胶装置的问题，其一可能是压胶盖放入桶中时没有排放完桶内的空气；其二可能是提升缸的活塞、端盖等处的密封元件已经失效，压胶盖无法紧压胶面而使空气漏入，胶泵抽空，从而使输出的胶体中混入空气。

第 2 部分　幕墙制作工岗位操作技能

一、基本加工操作

1. 下料切割作业

（1）准备。

认真阅读图纸及工艺卡片，熟悉掌握其要求。如有疑问，应及时向负责人提出。

（2）检查设备。

①检查油路及润滑状况，按规定进行润滑。

②检查气路及电气线路，气路无泄漏，电气元件灵敏可靠。

③检查冷却液，冷却液量足够，喷嘴不堵塞且喷液量适中。

④调整锯片进给量，应与材料切割要求相符。

⑤检查安全防护装置，应灵敏可靠。

设备检查完毕应如实填写“设备点检表”。如设备存在问题，不属工作者维修范围的，应尽快填写“设备故障修埋单”交维修班，通知维修人员进行维修。

（3）下料操作工艺。

①检查材料，其形状及尺寸应与图纸相符，表面缺陷不超过标准要求。

②放置材料并调整夹具，要求夹具位置适当，夹紧力度适中。材料不能有翻动，放置方向及位置符合要求。

③当天切割第一根料时应预留 10～20mm 的余量，检查切

割质量及尺寸精度，调整机器达到要求后才能进行批量生产。

④产品自检。每次移动刀头后进行切割时，工作者须对首件产品进行检测，产品须符合以下质量要求。

擦伤、划伤深度不大于氧化膜厚度的2倍；擦伤总面积不大于500mm^2；划伤总长度不大于150mm；擦伤和划伤处数不超过4处。

长度尺寸允许偏差：立柱，±1.0mm；横梁，±0.5mm。

端头斜度允许偏差：$-15'\sim0°$。

截料端不应有明显加工变形，毛刺不大于0.2mm。

⑤如产品自检不合格时，应进行分析，如系机器或操作方面的问题，应及时调整或向设备工艺室反映。对不合格品应进行返修，不能返修时，应向班长汇报。

⑥首件检测合格后，则可进行批量生产。

(4)工作后。

①工作完毕，及时填写“设备运行记录”，并对设备进行清扫，在导轨等部位涂上防锈油。

②关机。关闭机器上的电源开关，拉下电源开关，关闭气阀。

③及时填写有关记录。

2. 铝板下料作业

(1)按规定穿戴整齐劳动保护用品(工作服、鞋及手套)。

(2)认真阅读图纸，理解图纸，核对材料尺寸。如有疑问，应立即向负责人提出。

(3)按操作规程认真检查铝板机各紧固件是否紧固，各限位、定位挡块是否可靠。空车运行两三次，确认设备无异常情况。否则，应及时向负责人反映。

(4)将待加工铝板放置于料台之上,并确保铝板放置平整,根据工件的加工工艺要求,调整好各限位、定位挡块的位置。

(5)进行初加工,留出 3～5mm 的加工余量,调整设备使加工的位置、尺寸符合图纸要求后再进行批量加工。

(6)加工好的产品应按以下标准和要求进行自检。

①长宽尺寸允许偏差。

长边≤2m 时:3.0mm;

长边>2m 时:3.5mm。

②对角线偏差要求。

长边≤2m 时:3.0mm;

长边>2m 时:3.5mm。

③铝板表面应平整、光滑,无肉眼可见的变形、波纹和凹凸不平。

④单层铝板平面度。

长边≤1.5m 时:≤3.0mm;

长边>1.5m 时:≤3.5mm。

⑤复合铝板平面度。

长边≤1.5m 时:≤2.0mm;

长边>1.5m 时:≤3.0mm。

⑥蜂窝铝板平面度。

长边≤1.5m 时:≤1.0mm;

长边>1.5m 时:≤2.5mm。

⑦检查频率:批量生产前 5 件产品全检,批量生产中按 5%的比例抽检。

(7)下好的料应分门别类地贴上标签,并分别堆放好。

(8)工作结束后,应立即切断电源,并清扫设备及工作场地,做好设备的保养工作。

3. 冲切作业

(1)准备。

参见下料切割作业相关内容。

(2)检查设备。

①检查冷却液及润滑状况,润滑状况良好,冷却液满足要求。

②检查电气开关及其他元件,开关、控制按钮及行程开关等电气元件的动作应灵敏可靠。

③检查冲模和冲头的安装,应能准确定位且无松动。

④检查定位装置,应无松动。

⑤开机试运转,检查刀具转向是否正确,机器运转是否正常。

(3)加工操作工艺。

①选择符合加工要求的冲模和冲头,安装到机器上,并调整好位置,同时调整冷却液喷嘴的方向。

注意:刀具定位装置要锁紧,以免刀具走位造成加工误差。

②检查材料。材料形状尺寸应与图纸相符,并检查上道工序的加工质量,包括尺寸精度及表面缺陷等应符合质量要求。

③装夹材料。材料的放置应符合加工要求。

④加工。初加工时先用废料加工,然后根据需要调整刀具位置直至符合要求,才能进行批量生产。

⑤每批料或当天首次开机加工的首件产品工作者须自行检测,产品须符合以下质量要求:

擦伤、划伤深度不大于氧化膜厚度的2倍;擦伤总面积不大于500mm^2;划伤总长度不大于150mm;擦伤和划伤处数不大于4处。

毛刺不大于0.2mm。

榫长及槽宽允许偏差为－0.5～0mm，定位允许偏差＋0.5mm。

⑥如产品自检不合格时，应进行分析，如系机器或操作方面的问题，应及时调整或向设备工艺室反映。对不合格品应进行返修，不能返修时应向负责人汇报。

⑦产品自检合格后，方可进行批量生产。

(4)工作后。

①工作完毕，对设备进行清扫，在导轨等部位涂上防锈油。

②关机。关闭机器上的电源开关，拉下电源开关，关闭气阀。

③及时填写有关记录。

4. 钻孔作业

(1)准备。

参见下料切割作业相关内容。

(2)检查设备。

①检查气路及电气线路。气路应无泄漏，气压为6～8 Pa，电气开关等元件灵敏可靠。

②检查润滑状况及冷却液量。

③检查电机运转情况。

④开机试运转，应无异常现象。

(3)加工操作工艺。

①检查材料。材料形状尺寸应与图纸相符，并检查上道工序的加工质量，包括尺寸及表面缺陷等。

②放置材料并调整夹具。夹具位置适当，夹紧力度适中；材料不能有翻动，放置位置符合加工要求。

③调整钻头位置、转速、下降速度以及冷却液的喷射量等。

④加工。初加工时下降速度要慢，待加工无误后方能进行批量生产。

⑤每批料或当天首次开机加工的首件产品工作者须自行检测，产品须符合以下质量要求：

擦伤、划伤深度不大于氧化膜厚度的2倍；擦伤总面积不大于500mm^2；划伤总长度不大于150mm；擦伤和划伤处数不大于4处。

毛刺不大于0.2mm。

孔位允许偏差为±0.5mm，孔距允许偏差为±0.5mm，累计偏差不大于±1.0mm。

⑥如产品自检不合格时，应进行分析，如系机器或操作方面的问题，应及时调整或向设备工艺室反映。对不合格品应进行返修，不能返修时应向负责人汇报。

⑦产品自检合格后，方可进行批量生产。

(4)工作后。

参见冲切作业相关内容。

5. 锣榫加工作业

(1)准备。

参见下料切割作业相关内容。

(2)检查设备。

①检查冷却液及润滑状况，润滑状况良好，冷却液满足要求。

②检查电气开关及其他元件，开关、控制按钮及行程开关等电气元件的动作应灵敏可靠。

③检查铣刀安装装置,应能准确定位且无松动。

④检查定位装置,应无松动。

⑤开机试运转,检查刀具转向是否正确,机器运转是否正常。

(3)加工操作工艺。

①选择符合加工要求的铣刀,安装到机器上,并调整好位置,同时调整冷却液喷嘴的方向。

注意:刀具定位装置要锁紧,以免刀具走位造成加工误差。

②检查材料。材料形状尺寸应与图纸相符,并检查上道工序的加工质量,包括尺寸精度及表面缺陷等应符合质量要求。

③装夹材料。材料的放置应符合加工要求。

④加工。初加工时应有 2～3mm 的加工余量,或先用废料加工,然后根据需要调整刀具位置直至符合要求,才能进行批量生产。

⑤每批料或当天首次开机加工的首件产品工作者须自行检测,产品须符合以下质量要求。

擦伤、划伤深度不大于氧化膜厚度的 2 倍;擦伤总面积不大于 $500mm^2$;划伤总长度不大于 150mm;擦伤和划伤处数不大于 4 处。

毛刺不大于 0.2mm。

榫长及槽宽允许偏差为 $-0.5\sim0$mm,定位允许偏差±0.5mm。

⑥如产品自检不合格时,应进行分析,如系机器或操作方面的问题,应及时调整或向设备工艺室反映。对不合格品应进行返修,不能返修时应向负责人汇报。

⑦产品自检合格后,方可进行批量生产。

(4)工作后。

参见冲切作业相关内容。

6. 铣加工作业

(1)准备。

参见下料切割作业相关内容。

(2)检查设备。

①检查设备润滑状况,应符合要求。

②检查电气开关及其他元件,动作应灵敏可靠。

③冷却液量应足够。

④检查设备上的紧固件应无松动。

⑤开机试运转,设备应无异常。

(3)加工操作工艺。

①按加工要求选择模板和刀具,安装到设备上。

②检查材料。材料形状尺寸应与图纸相符,并检查上道工序的加工质量,包括尺寸精度及表面缺陷等应符合质量要求。

③调整铣刀行程及喷嘴位置。

④加工。初加工时应先用废料加工或留有1～3mm的加工余量,然后根据需要进行调整,直至加工质量符合要求,才能进行批量生产。

⑤每批料或当天首次开机加工的首件产品工作者须自行检测,产品须符合以下质量要求:

擦伤、划伤深度不大于氧化膜厚度的2倍;擦伤总面积不大于500mm^2;划伤总长度不大于150mm;擦伤和划伤处数不大于4处。

毛刺不大于0.2mm。

孔位允许偏差为±0.5mm,孔距允许偏差为±0.5mm,累计偏差不大于±1.0mm。

槽及豁的长、宽尺寸允许偏差为:0～＋0.5mm,定位允许偏差±0.5mm。

⑥如产品自检不合格时,应进行分析,如系机器或操作方面的问题,应及时调整或向设备工艺室反映。对不合格品应进行返修,不能返修时应向负责人汇报。

⑦产品自检合格后,方可进行批量生产。

(4)工作后。

参见冲切作业相关内容。

7. 铝板组件制作

(1)认真阅读图纸,理解图纸,核对铝板组件尺寸。

(2)检查风钻、风批及风动拉铆枪是否能够正常使用。

(3)检查组件(包括铝板、槽铝、角铝等加工件)尺寸、方向是否正确、表面是否有缺陷等。

(4)将铝板折弯,达到图纸尺寸要求。

(5)在槽铝上贴上双面胶条,然后按图纸要求粘贴在铝板的相应位置并压紧。

(6)用风钻配制铝板与槽铝拉铆钉孔。

(7)用风动拉铆枪将铝板和槽铝用拉铆钉拉铆连接牢固。

(8)将角铝(角码)按图纸尺寸与相应件配制并拉铆连接牢固。

(9)工作者须按以下标准对产品进行自检。

①复合板刨槽位置尺寸允差±1.5mm;刨槽深度以中间层的塑料填充料余留0.2～0.4mm为宜;单层板折边的折弯高度差允许±1mm。

②长宽尺寸偏差要求。

长边≤2m:3.0mm;

长边＞2m:3.5mm。

③对角线偏差要求。

长边≤2m:3.0mm;

长边＞2m:3.5mm。

④角码位置允许偏差1.5mm,且铆接牢固;组角缝隙≤2.0mm。

⑤铝板表面应平整、光滑,无肉眼可见的变形、波纹和凹凸不平,铝板无严重表观缺陷和色差。

⑥单层铝板平面度。

当长边≤2m时:≤3.0mm;

当长边＞2m时:≤5.0mm。

⑦复合铝板平面度。

当长边≤2m时:≤2.0mm;

当长边＞2m时:≤3.0mm。

⑧蜂窝铝板平面度。

当长边≤2m时:≤1.0mm;

当长边＞2m时:≤2.0mm。

(10)出现以下问题时,工作者应及时处理,处理不了时立即向负责人反映。

①长宽尺寸超差:返修或报废。

②对角线尺寸超差:调整、返修或报废。

③表面变形过大或平整度超差:调整、返修或报废。

④铝板与槽铝或角铝铆接不实:钻掉重铆,铆接时应压紧。

⑤组角间隙过大:挫修、压实后铆紧。

(11)工作完毕,应清理设备及清扫工作场地,做好工具的保养工作。

8. 组角作业

(1)认真阅读图纸,理解图纸,核对框(扇)料尺寸。如有疑问,应立即向负责人提出。

(2)检查组角机气源三元件,并按规定排水、加润滑油和调整压力至工作压力范围内。具体检查项目为:

①气路无异常,气压足够。

②无漏气、漏油现象。

③在润滑点上加油,进行润滑。

④液压油量符合要求。

⑤开关及各部件动作灵敏。

⑥开机试运转无异常。

(3)选择合适的组角刀具,并牢固安装在设备上。

(4)调整机器,特别是调整组角刀的位置和角度。挤压位置一般距角50mm,若不符,则调整到正确位置。

(5)空运行 1～3 次,如有异常,应立即停机检查,排除故障。

(6)检查各待加工件是否合格,是否已清除毛刺,是否有划伤、色差等缺陷,所穿胶条是否合适。

(7)组角(图纸如有要求,组角前在各连接处涂少量窗角胶,并在撞角前再在角内垫上防护板),并检测间隙。

(8)组角后应进行产品自检。每次调整刀具后所组的首件产品工作者须自行检测,产品须符合以下质量要求:

①对角线尺寸偏差。

长边≤2m:≤2.5mm;

长边>2m:≤3.0mm。

②接缝高低差:≤0.5mm。

③装配间隙:≤0.5mm。

④对于较长的框(扇)料,其弯曲度应小于相关的规定,表面平整,无肉眼可见的变形、波纹和凹凸不平。

⑤组装后框架无划伤,各加工件之间无明显色差,各连接处牢固,无松动现象。

⑥整体组装后保持清洁,无明显污物。产品质量不合格,应返修。如系设备问题,应向设备工艺室反馈。

(9)工作结束后,切断电(气)源,并擦洗设备及清扫工作场地,做好设备的保养工作。

(10)及时填写有关记录。

9. 门窗组装作业

(1)认真阅读图纸,理解图纸,核对下料尺寸。如有疑问,应及时向负责人提出。

(2)准备风批、风钻等工具,按点检要求检查组角机。发现问题应及时向负责人反映。

(3)清点所用各类组件(包括标准件、多点锁等),并根据具体情况放置在相应的工作地点。

(4)检查各类加工件是否合格,是否已清除毛刺,是否有划伤、色差等缺陷。

(5)对照组装图,先对部分组件穿胶条。

(6)配制相应的框料或角码。

(7)按先后顺序由里至外进行组装。

(8)组角(组角前在各连接处涂少量窗角胶,并在撞角前再在窗角内垫上防护板)。

(9)焊接胶条。

(10)装执手、铰链等配件。

(11)装多点锁。

(12)在接合部、工艺孔和螺丝孔等防水部位涂上耐候胶以防水渗漏。

(13)产品自检。工作者应对组装好的产品进行全数检查。组装好的产品应符合以下标准：

①对角线控制。

长边≤2m：≤2.5mm；

长边>2m：≤3.0mm。

②接缝高低差：≤0.5mm。

③装配间隙：≤0.5mm。

④组装后的框架无划伤。

⑤各加工件之间无明显色差。

⑥多点锁及各五金件活动自如，无卡住等现象。

⑦各连接处牢固，无松动现象。

⑧各组件均无毛刺、批锋等。

⑨密封胶条连接处焊接严实，无漏气现象。

⑩对于较长的框(扇)料，其弯曲度应小于规定，表面平整，无肉眼可见的变形、波纹和凹凸不平。

⑪整体组装后保持清洁，无明显污物。

(14)对首件组装好的窗扇(或门扇)须进行防水检验。方法为：用纸张检查扇与框的压紧程度，或直接用水喷射，检查是否漏水。

(15)组装好的产品应分类堆放整齐，并进行产品标识。

(16)工作结束后，立即切断电(气)源，并擦拭设备及清扫工作场地，做好设备的保养工作。

(17)出现以下问题时应及时处理。

①加工件毛刺未清、有划伤或色差较大：返修或重新下料制作。

②对角线尺寸超差:调整或返修。

③组角不牢固:调整组角机或反馈至设备工艺室进行处理后再进行组角。

④锁点过紧:调整多点锁紧定螺丝或锉修滑动槽。

⑤连接处间隙过大:返修或在缝隙处打同颜色的结构胶。

⑥漏水。进行调整,直到合格为止,然后按已经确认合格的产品的组装工艺进行组装。

(18)工作完毕,及时填写有关记录并清扫周围环境卫生。

10. 清洁及粘框作业

(1)认真阅读、理解图纸,核对玻璃、框料及双面胶条的尺寸是否与图纸相符。如有疑问,应立即向负责人提出。

(2)所用的清洁剂须经检验部门检查确认。同时,可将清洁剂倒置进行观察,应无混浊等异常现象。

(3)按以下标准检查上道工序的产品质量:

①对角线控制。

长边≤2m:≤2.5mm;

长边>2m:≤3.0mm。

②接缝高低差控制:≤0.5mm。

③装配间隙控制:≤0.5mm。

检查过程中如发现问题,应及时处理,解决不了时,应立即向负责人反映。

(4)撕除框料上影响打胶的保护胶纸。

(5)用“干湿布法”(或称“二块布法”)清洁框料和玻璃:将合格的清洁剂倒入干净而不脱毛的白布后,先用沾有清洁剂的白布清洁粘贴部位,接着在溶剂未干之前用另一块干净的白布将表面残留的溶剂、松散物、尘埃、油渍和其他脏物清除干净。禁止用抹布重复沾入溶剂内,已带有污渍的抹布不允许再使用。

(6)在框料的已清洁处粘贴双面胶条。

(7)将玻璃与框对正,然后粘贴牢固。

(8)玻璃与铝框偏差≤1mm。

(9)玻璃与框组装好后,应分类摆放整齐。

(10)粘好胶条及玻璃后因设备等原因未能在 60min 内注胶,应取下玻璃及胶条,重新清洁后粘胶条和玻璃,然后才能注胶。

(11)工作完毕清扫场地。

11. 注胶作业

(1)注胶房内应保持清洁,温度在 5～30 ℃之间,湿度在45%～75%之间。

(2)按注胶机操作规程及点检项目要求检查设备。点检项目为:

①检查气源气路,气压应足够,且无泄漏现象。

②检查润滑装置应作用良好。

③各开关动作灵活。

④各仪表状态良好。

⑤检查空气过滤器。

⑥出胶管路及接头无泄漏或堵塞。

⑦胶枪使用正常。

⑧开机试运转,出胶、混胶均正常,无其他异常现象。

(3)检查上道工序质量。玻璃与铝框位置偏差应不大于1mm,双面粘胶不走位,框料及玻璃的注胶部位无污物。

(4)清洁粘框后须在 60min 内注胶,否则应重新清洁粘框。

(5)确认结构胶和清洁剂的有效使用日期。

(6)配胶成分应准确,白胶与黑胶的重量比例应为12∶1(或按结构胶的要求确定比例),同时进行"蝴蝶试验"及拉断试验,符合要求后方可注胶。

(7)注胶过程中应时刻观察胶的变化,应无白胶或气泡。

(8)注胶后应及时刮胶,刮胶后胶面应平整饱满,特别注意转角处要有棱角。

(9)出现以下问题时,应及时进行处理。

①出现白胶:应立即停止注胶,进行调整。

②出现气泡:应立即停止注胶,检查设备运行状况和黑、白胶的状态,排除故障后方可继续进行。

(10)工作完毕或中途停机15min以上,必须用白胶清洗混胶器。

(11)及时填写"注胶记录"。

(12)清洁环境卫生。

12. 多点锁安装

(1)认真阅读图纸,理解图纸,核对窗(或门)框料尺寸及多点锁型号及锁点数量。

(2)准备风钻、风批等工具。

(3)清点所用组件,并放置于相应的工作地点备用。

(4)先将锁点铆接到相应的连动杆上。

(5)清除钻孔等产生的毛刺。

(6)安装多点锁。按先内后外,先中心后两边的顺序组装各配件。先装入主连动杆,并将其与锁体相连接。

(7)装入转角器及其他连动杆,并将固定螺钉拧紧。固定大转角器时,应将锁调到平开位置(大转角器的伸缩片上有两个凸起的点,旁边有一方框,将那两个点调到方框的中间位置)。

(8)锁的所有配件上的螺钉,其头部须拧紧至与配件的表面平齐。

(9)定铰链位置时,需保证安装在它端头的活页与窗扇(或门扇)的边缘相距 1mm 左右(活页上的螺钉孔须与铰链上的螺钉孔对齐);活页尽可能只装一次,如反复拆装将会对其上的螺纹造成损坏。

(10)安装把手,检查多点锁的安装效果。要求组装后其松紧程度适中,无卡涩现象。如出现以下问题,应及时处理。

①锁开启过紧:修整连接杆及槽内的毛刺,调整固定螺钉的松紧程度。

②锁点位置不对:对照图纸进行检查修正。

(11)为保证产品在运输途中不被碰伤,窗锁及合页等高出扇料表面的配件暂不安装,把手在检查多点锁安装效果后应拆除,到工地后再安装。

(12)产品自检。

①每件产品均须检查多点锁的安装效果;

②首件产品须装到框上,检查多点锁的安装效果和扇与框的配合效果,并检查扇与框组装后的防水性能。如不符合要求.应调整直至合格,然后按此合格品的组装工艺进行批量组装。

③批量组装时按 5%的比例抽查扇与框的配合效果。

(13)工作完毕,打扫周围环境卫生。

二、幕墙构件加工制作

1. 一般规定

(1)玻璃幕墙在加工制作前应与土建设计施工图进行核对,对已建主体结构进行复测,并应按实测结果对幕墙设计进行必要调整。

(2)加工幕墙构件所采用的设备、机具应满足幕墙构件加工精度要求,其量具应定期进行计量认证。

(3)采用硅酮结构密封胶粘结固定隐框玻璃幕墙构件时,应在洁净、通风的室内进行注胶,且环境温度、湿度条件应符合结构胶产品的规定;注胶宽度和厚度应符合设计要求。

(4)除全玻幕墙外,不应在现场打注硅酮结构密封胶。

(5)单元式幕墙的单元组件、隐框幕墙的装配组件均应在工厂加工组装。

(6)低辐射镀膜玻璃应根据其镀膜材料的粘结性能和其他技术要求,确定加工制作工艺;镀膜与硅酮结构密封胶不相容时,应除去镀膜层。

(7)硅酮结构密封胶不宜作为硅酮建筑密封胶使用。

2. 铝型材加工制作

(1)玻璃幕墙的铝合金构件的加工应符合下列要求。

①铝合金型材截料之前应进行校直调整。

②横梁长度允许偏差为±0.5mm,立柱长度允许偏差为±1.0mm,端头斜度的允许偏差为$-15'$(图2-1、图2-2)。

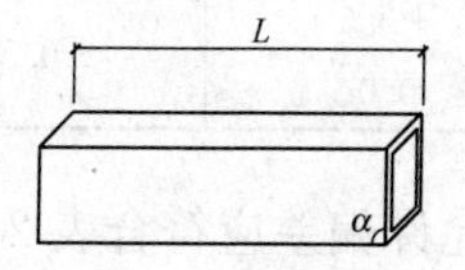

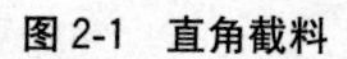

图2-1 直角截料

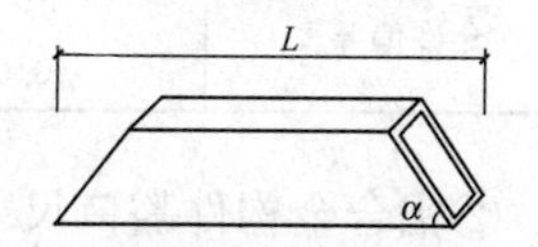

图2-2 斜角截料

③截料端头不应有加工变形,并应去除毛刺。

④孔位的允许偏差为±0.5mm,孔距的允许偏差为±0.5mm,累计偏差为±1.0mm。

⑤铆钉的通孔尺寸偏差应符合《紧固件　铆钉用通孔》(GB 152.1—1988)的规定。

⑥沉头螺钉的沉孔尺寸偏差应符合《紧固件　沉头螺钉用沉孔》(GB 152.2—2014)的规定。

⑦圆柱头、螺栓的沉孔尺寸应符合《紧固件　圆柱头用沉孔》(GB 152.3—1988)的规定。

⑧螺丝孔的加工应符合设计要求。

(2)玻璃幕墙铝合金构件中槽、豁、榫的加工应符合下列要求。

①铝合金构件槽口尺寸(图 2-3)允许偏差应符合表 2-1 的要求。

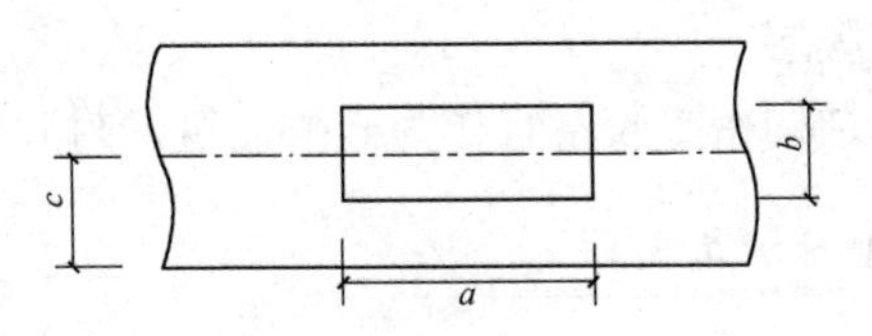

图 2-3　槽口示意图

表 2-1　槽口尺寸允许偏差　(单位:mm)

项目	a	b	c
允许偏差	+0.5 0.0	+0.5 0.0	±0.5

②铝合金构件豁口尺寸(图 2-4)允许偏差应符合表 2-2 的要求。

表 2-2　豁口尺寸允许偏差　(单位:mm)

项目	a	b	c
允许偏差	+0.5 0.0	+0.5 0.0	±0.5

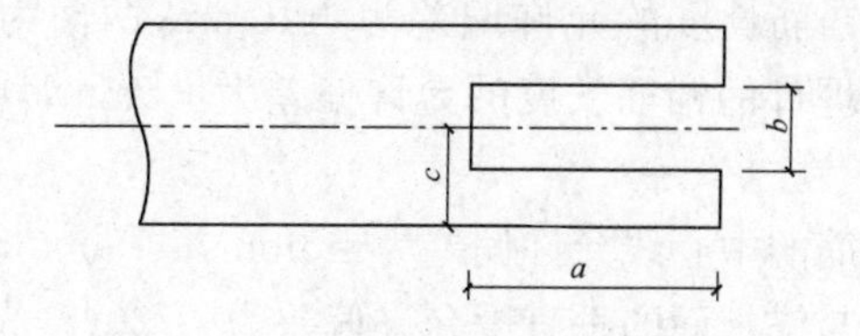

图 2-4　豁口示意图

③铝合金构件榫头尺寸(图 2-5)允许偏差应符合表 2-3 的要求。

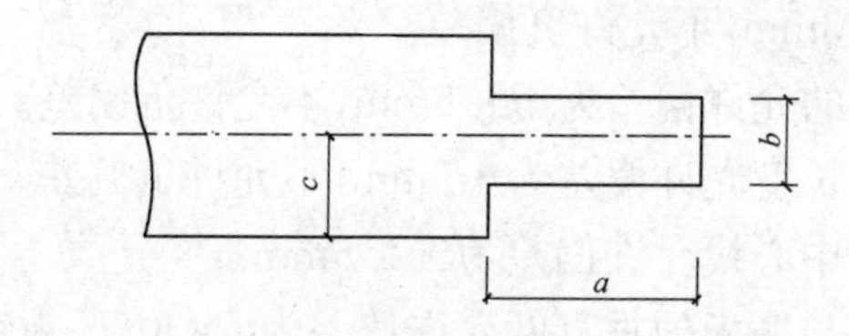

图 2-5　榫头示意图

表 2-3　榫头尺寸允许偏差　(单位:mm)

项目	*a*	*b*	*c*
允许偏差	0.0 −0.5	0.0 −0.5	±0.5

(3)玻璃幕墙铝合金构件弯加工应符合下列要求。

①铝合金构件宜采用拉弯设备进行弯加工。

②弯加工后的构件表面应光滑,不得有皱折、凹凸、裂纹。

3. 钢构件加工

(1)平板型预埋件加工精度应符合下列要求。

①锚板边长允许偏差为±5mm。

②一般锚筋长度的允许偏差为＋10mm，两面为整块锚板的穿透式预埋件的锚筋长度的允许偏差为＋5mm，均不允许负偏差。

③圆锚筋的中心线允许偏差为±5mm。

④锚筋与锚板面的垂直度允许偏差为 $l_s/30$（l_s 为锚固钢筋长度，单位为 mm）。

(2)槽型预埋件表面及槽内应进行防腐处理，其加工精度应符合下列要求。

①预埋件长度、宽度和厚度允许偏差分别为＋10mm、＋5mm和＋3mm，不允许负偏差。

②槽口的允许偏差为＋1.5mm，不允许负偏差。

③锚筋长度允许偏差为＋5mm，不允许负偏差。

④锚筋中心线允许偏差为±1.5mm。

⑤锚筋与槽板的垂直度允许偏差为 $l_s/30$（l_s 为锚固钢筋长度，单位为 mm）。

(3)玻璃幕墙的连接件、支承件的加工精度应符合下列要求。

①连接件、支承件外观应平整，不得有裂纹、毛刺、凹凸、翘曲、变形等缺陷。

②连接件、支承件加工尺寸（图 2-6）允许偏差应符合表 2-4 的要求。

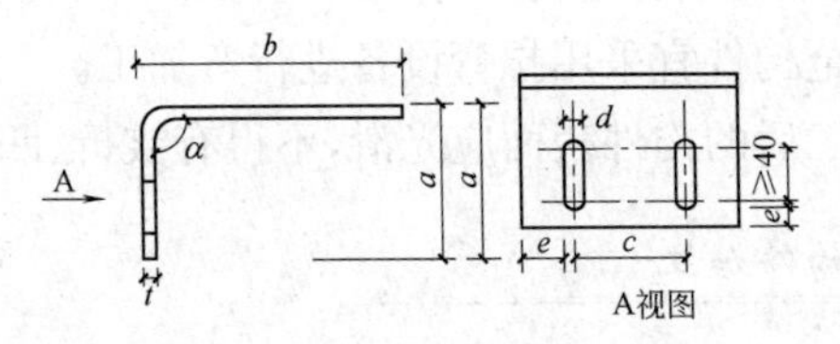

图 2-6　连接件、支承件尺寸示意图

表 2-4　连接件、支承件尺寸允许偏差　(单位:mm)

项目	允许偏差	项目	允许偏差
连接件高 a	+5,−2	边距 e	+1.0,0
连接件长 b	+5,−2	壁厚 t	+0.5,−0.2
孔距 c	±1.0	弯曲角度 α	±2°
孔宽 d	+1.0,0		

(4)钢型材立柱及横梁的加工应符合《钢结构工程施工质量验收规范》(GB 50205—2001)的有关规定。

(5)点支承玻璃幕墙的支承钢结构加工应符合下列要求。

①应合理划分拼装单元。

②管桁架应按计算的相贯线,采用数控机床切割加工。

③钢构件拼装单元的节点位置允许偏差为±2.0mm。

④构件长度、拼装单元长度的允许正、负偏差均可取长度的1/2000。

⑤管件连接焊缝应沿全长连续、均匀、饱满、平滑、无气泡和夹渣;支管壁厚小于 6mm 时可不切坡口;角焊缝的焊脚高度不宜大于支管壁厚的 2 倍。

⑥钢结构的表面处理应符合《玻璃幕墙工程技术规范》(JGJ 102—2003)第 3.3 节的有关规定。

⑦分单元组装的钢结构,宜进行预拼装。

(6)杆索体系的加工尚应符合下列要求。

①拉杆、拉索应进行拉断试验。

②拉索下料前应进行调直预张拉,张拉力可取破断拉力的50%,持续时间可取 2h。

③截断后的钢索应采用挤压机进行套筒固定。

④拉杆与端杆不宜采用焊接连接。

⑤杆索结构应在工作台座上进行拼装，并应防止表面损伤。

(7)钢构件焊接、螺栓连接应符合《钢结构设计规范》(GB 50017—2003)的有关规定。

(8)钢构件表面涂装应符合《钢结构工程施工质量验收规范》(GB 50205—2001)的有关规定。

4. 玻璃加工

(1)玻璃幕墙的单片玻璃、夹层玻璃、中空玻璃的加工精度应符合下列要求。

①单片钢化玻璃，其尺寸的允许偏差应符合表 2-5 的要求。

表 2-5 钢化玻璃尺寸允许偏差 (单位:mm)

项目	玻璃厚度/mm	玻璃边长 $L\leqslant 2000$	玻璃边长 $L>2000$
边长	6,8,10,12	±1.5	±2.0
	15,19	±2.0	±3.0
对角线差	6,8,10,12	≤2.0	≤3.0
	15,19	≤3.0	≤3.5

②采用中空玻璃时，其尺寸的允许偏差应符合表 2-6 的要求。

表 2-6 中空玻璃尺寸允许偏差 (单位:mm)

项目	允许偏差	
边长	$L<1000$	±2.0
	$1000\leqslant L<2000$	+2.0,−3.0
	$L\geqslant 2000$	±3.0
对角线差	$L\leqslant 2000$	≤2.5
	$L>2000$	≤3.5

续表

项目	允许偏差	
厚度	$t<17$	±1.0
	$17\leqslant t<22$	±1.5
	$t\geqslant 22$	±2.0
叠差	$L<1000$	±2.0
	$1000\leqslant L<2000$	±3.0
	$2000\leqslant L<4000$	±4.0
	$L\geqslant 4000$	±6.0

③采用夹层玻璃时，其尺寸允许偏差应符合表2-7的要求。

表2-7　夹层玻璃尺寸允许偏差　(单位:mm)

项目		允许偏差
边长	$L\leqslant 2000$	±2.0
	$L>2000$	±2.5
对角线差	$L\leqslant 2000$	≤2.5
	$L>2000$	≤3.5
叠差	$L<1000$	±2.0
	$1000\leqslant L<2000$	±3.0
	$2000\leqslant L<4000$	±4.0
	$L\geqslant 4000$	±6.0

(2)玻璃弯加工后，其每米弦长内拱高的允许偏差为±3.0mm，且玻璃的曲边应顺滑一致；玻璃直边的弯曲度，拱形时不应超过0.5%，波形时不应超过0.3%。

(3)全玻幕墙的玻璃加工应符合下列要求。

①玻璃边缘应倒棱并细磨；外露玻璃的边缘应精磨。

②采用钻孔安装时，孔边缘应进行倒角处理，并不应出现

崩边。

(4)点支承玻璃加工应符合下列要求。

①玻璃面板及其孔洞边缘均应倒棱和磨边,倒棱宽度不宜小于 1mm,磨边宜细磨。

②玻璃切角、钻孔、磨边应在钢化前进行。

③玻璃加工的允许偏差应符合表 2-8 的规定。

表 2-8　点支承玻璃加工允许偏差

项目	边长尺寸	对角线差	钻孔位置	孔距	孔轴与玻璃平面垂直度
允许偏差	±1.0mm	≤2.0mm	±0.8mm	±1.0mm	±12′

④中空玻璃开孔后,开孔处应采取多道密封措施。

⑤夹层玻璃、中空玻璃的钻孔可采用大、小孔相对的方式。

(5)中空玻璃合片加工时,应考虑制作处和安装处不同气压的影响,采取防止玻璃大面变形的措施。

5. 明框幕墙组件加工

(1)明框幕墙组件加工尺寸允许偏差应符合下列要求。

①组件装配尺寸允许偏差应符合表 2-9 的要求。

表 2-9　组件装配尺寸允许偏差　(单位:mm)

项目	构件长度	允许偏差
型材槽口尺寸	≤2000	±2.0
	>2000	±2.5
组件对边尺寸差	≤2000	≤2.0
	>2000	≤3.0
组件对角线尺寸差	≤2000	≤3.0
	>2000	≤3.5

②相邻构件装配间隙及同一平面度的允许偏差应符合表2-10的要求。

表 2-10　相邻构件装配间隙及同一平面度的允许偏差　(单位:mm)

项目	允许偏差	项目	允许偏差
装配间隙	≤0.5	同一平面度差	≤0.5

(2)单层玻璃与槽口的配合尺寸(图 2-7)应符合表 2-11 的要求。

(3)中空玻璃与槽口的配合尺寸(图 2-8)应符合表 2-12 的要求。

表 2-11　单层玻璃与槽口的配合尺寸　(单位:mm)

玻璃厚度/mm	a	b	c
5～6	≥3.5	≥15	≥5
8～10	≥4.5	≥16	≥5
不小于 12	≥5.5	≥18	≥5

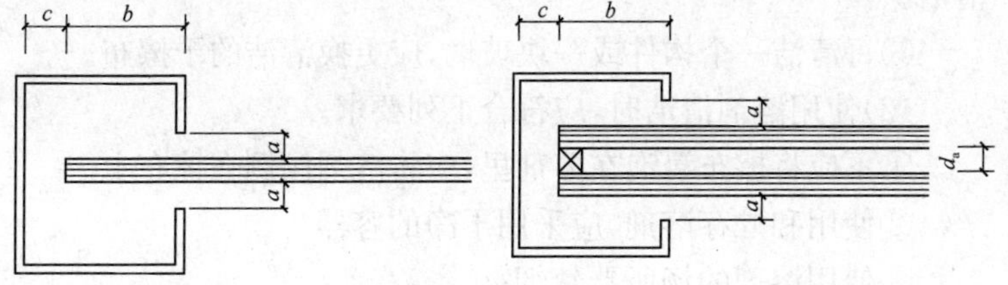

图 2-7　单层玻璃与槽口的配合示意图　图 2-8　中空玻璃与槽口的配合示意图

表 2-12　中空玻璃与槽口的配合尺寸　(单位:mm)

中空玻璃厚度/mm	a	b	c		
			下边	上边	侧边
$6+d_a+6$	≥5	≥17	≥7	≥5	≥5
$8+d_a+8$ 及以上	≥6	≥18	≥7	≥5	≥5

注:d_a 为空气层厚度,不应小于 9mm。

(4)明框幕墙组件的导气孔及排水孔设置应符合设计要求,组装时应保证导气孔及排水孔通畅。

(5)明框幕墙组件应拼装严密。设计要求密封时,应采用硅酮建筑密封胶进行密封。

(6)明框幕墙组装时,应采取措施控制玻璃与铝合金框料之间的间隙。玻璃的下边缘应采用两块压模成型的氯丁橡胶垫块支承。

6. 隐框幕墙组件加工

(1)半隐框、隐框幕墙中,对玻璃面板及铝框的清洁应符合下列要求。

①玻璃和铝框粘结表面的尘埃、油渍和其他污物,应分别使用带溶剂的擦布和干擦布清除干净。

②应在清洁后 1h 内进行注胶;注胶前再度污染时,应重新清洁。

③每清洁一个构件或一块玻璃,应更换清洁的干擦布。

(2)使用溶剂清洁时,应符合下列要求。

①不应将擦布浸泡在溶剂里,应将溶剂倾倒在擦布上。

②使用和贮存溶剂,应采用干净的容器。

③使用溶剂的场所严禁烟火。

④应遵守所用溶剂标签或包装上标明的注意事项。

(3)硅酮结构密封胶注胶前必须取得合格的相容性检验报告,必要时应加涂底漆;双组分硅酮结构密封胶尚应进行混匀性蝴蝶试验和拉断试验。

(4)采用硅酮结构密封胶粘结板块时,不应使结构胶长期处于单独受力状态。硅酮结构密封胶组件在固化并达到足够承载力前不应搬动。

(5)隐框玻璃幕墙装配组件的注胶必须饱满,不得出现气泡,胶缝表面应平整光滑;收胶缝的余胶不得重复使用。

(6)硅酮结构密封胶完全固化后,隐框玻璃幕墙装配组件的尺寸偏差应符合表2-13的规定。

表2-13　结构胶完全固化后隐框玻璃幕墙组件的尺寸允许偏差(单位:mm)

序号	项目	尺寸范围	允许偏差
1	框长宽尺寸		±1.0
2	组件长度尺寸		±2.5
3	框接缝高度差		≤0.5
4	框内侧对角线差及组件对角线差	当长边≤2000时 当长边>2000时	≤2.5 ≤3.5
5	框组装间隙		≤0.5
6	胶缝宽度		+2.0 0
7	胶缝厚度		+0.5 0
8	组件周边玻璃与铝框位置差		±1.0
9	结构组件平面度		≤3.0
10	组件厚度		±1.5

(7)当隐框玻璃幕墙采用悬挑玻璃时,玻璃的悬挑尺寸应符合计算要求,且不宜超过150mm。

7. 单元式玻璃幕墙

(1)单元式玻璃幕墙在加工前应对各板块编号,并应注明加工、运输、安装方向和顺序。

(2)单元板块的构件连接应牢固,构件连接处的缝隙应采用硅酮建筑密封胶密封。

(3)单元板块的吊挂件、支撑件应具备可调整范围,并应采用不锈钢螺栓将吊挂件与立柱固定牢固,固定螺栓不得少于2个。

(4)单元板块的硅酮结构密封胶不宜外露。

(5)明框单元板块在搬动、运输、吊装过程中,应采取措施防止玻璃滑动或变形。

(6)单元板块组装完成后,工艺孔宜封堵,通气孔及排水孔应畅通。

(7)当采用自攻螺钉连接单元组件框时,每处螺钉不应少于3个,螺钉直径不应小于4mm。螺钉孔最大内径、最小内径和拧入扭矩应符合表2-14的要求。

表2-14　螺钉孔内径和扭矩要求

螺钉公称直径/mm	孔径/mm		扭矩/Nm
	最小	最大	
4.2	3.430	3.480	4.4
4.6	4.015	4.065	6.3
5.5	4.735	4.785	10.0
6.3	5.475	5.525	13.6

(8)单元组件框加工制作允许偏差应符合表2-15的规定。

表2-15　单元组件框加工制作允许尺寸偏差

<table>
<tr><th>序号</th><th colspan="2">项目</th><th>允许偏差</th><th>检查方法</th></tr>
<tr><td rowspan="2">1</td><td rowspan="2">框长(宽)度/mm</td><td>≤2000</td><td>±1.5mm</td><td rowspan="2">钢尺或板尺</td></tr>
<tr><td>>2000</td><td>±2.0mm</td></tr>
</table>

续表

序号	项目		允许偏差	检查方法
2	分格长(宽)度/mm	≤2000	±1.5mm	钢尺或板尺
		>2000	±2.0mm	
3	对角线长度差/mm	≤2000	≤2.5mm	钢尺或板尺
		>2000	≤3.5mm	
4	接缝高低差		≤0.5mm	游标深度尺
5	接缝间隙		≤0.5mm	塞片
6	框面划伤		≤3处,且总长≤100mm	
7	框料擦伤		≤3处,且总面积≤200mm²	

(9)单元组件组装允许偏差应符合表2-16的规定。

表2-16 单元组件组装允许偏差

序号	项目		允许偏差/mm	检查方法
1	组件长度、宽度/mm	≤2000	±1.5	钢尺
		>2000	±2.0	
2	组件对角线长度差/mm	≤2000	≤2.5	钢尺
		>2000	≤3.5	
3	胶缝宽度		+1.0 0	卡尺或钢板尺
4	胶缝厚度		+0.5 0	卡尺或钢板尺
5	各搭接量(与设计值比)		+1.0 0	钢板尺
6	组件平面度		≤1.5	1m靠尺
7	组件内镶板间接缝宽度(与设计值比)		±1.0	塞尺
8	连接构件竖向中轴线距组件外表面(与设计值比)		±1.0	钢尺

续表

序号	项目	允许偏差/mm	检查方法
9	连接构件水平轴线距 组件水平对插中心线	±1.0(可上、 下调节时±2.0)	钢尺
10	连接构件竖向轴线距 组件竖向对插中心线	±1.0	钢尺
11	两连接构件中心线水平距离	±1.0	钢尺
12	两连接构件上、下端水平距离差	±0.5	钢尺
13	两连接构件上、下端对角线差	±1.0	钢尺

8. 玻璃幕墙构件检验

(1)玻璃幕墙构件应按构件的5%进行随机抽样检查，且每种构件不得少于5件。当有一个构件不符合要求时，应加倍抽查，复检合格后方可出厂。

(2)产品出厂时，应附有构件合格证书。

三、金属板加工制作

1. 单层铝板

(1)选料。

单层铝板的基材应优先选用3×××系列或5×××单层铝板如3003H14(H24)、3A21H14(H24)、5005 H14(H24)、5754H12(H22)、H14(H24)等牌号单层铝板，其质量应符合《铝幕墙板　第1部分：板基》(YS/T 429.1—2014)的规定。外表面要进行氟碳涂漆处理，目前有三种涂漆工艺可供择用，即辊涂(一般5754采用)、喷涂和贴膜。辊涂一般为二涂，喷涂可采用二涂、三涂、四涂，其质量应符合《铝幕墙板　第 2 部分：有机聚合物喷漆铝单板》（YS/T 429.2—2012）的规定，内表面可采用树脂漆一涂。喷涂后与采用的基材相对应的牌号和状态代号为 3003H44、3A21A44、5005H44、5754H42（H44）。

（2）加工。

①辊涂板用剪板机裁切后，用冲床冲孔（槽、豁、榫）后折边成型。

②喷涂板是将基材（光板）用剪板机裁切后用冲床冲孔（槽、豁、榫）后折边成型，再喷涂。

③当采用耳子连接时，耳子与折边的连接可采用焊接、铆接，也可直接将铝板冲压而成。铝板两侧耳子宜错位，以达到装在一根杆件上的两块铝板的耳子不重叠，折边（耳子）上的孔中心到板边缘距离顺内力方向不小于 $2d$；垂直内力方向不小于 $1.5d$（d 表示孔径）。

④当采用加筋肋时，加筋肋必须和折边可靠连接，连接一般采用角铝铆接（螺接）将加筋肋与折边固定。

⑤金属板材料加工允许偏差应符合表 2-17 的规定。

表 2-17　金属板材加工允许偏差　（单位：mm）

序号	项目		允许偏差
1	边长	≤2000	±2.0
		>2000	±2.5
2	对边尺寸	≤2000	≤2.5
		>2000	≤3.0
3	对角线长度	≤2000	2.5
		>2000	3.0

续表

序号	项目	允许偏差
4	折弯高度	≤1.0
5	折边与板平面交角角度	±1°
6	平面度	≤2/1000
7	孔的中心距	±1.5
8	耳子位置	±1.5
9	肋位置	±1.5

2. 复合铝板

(1)选料。

复合铝板应选用符合《建筑幕墙用铝塑复合板》(GB/T 17748—2008)要求的外墙铝塑板，表面涂层应为氟碳树脂型。铝塑复合板所用铝材应符合《铝塑复合板用铝带》(YS/T 432—2000)规定的防锈铝，即 3003H16(H26)、H14(H24)，其厚度不小于 0.5mm。

(2)加工。

复合铝板四周要折边，折边前要在四角部位冲切掉与折边等高的四边形，折边前应对折边部位刻槽，刻槽宜采用刻槽机刻槽，当采用手提刻槽机刻槽时，应采用通常靠尺，即刻槽时不能使用短靠尺一段段移动，并应控制槽的深度，槽底不得触及板面，即保 0.3～0.5mm 塑料，以防刀具划伤外层铝板内表面，两槽间间距偏差不得大于 1mm，不应显现蛇形弯。加工过程严禁与水接触，对孔、切口及角部位用密封胶密封。

加工允许偏差见表 2-17。

3. 蜂窝铝板

(1)选料。

蜂窝铝板一般选用面板为3003H19　$T=1$mm表面氟碳喷涂防锈铝板(底板表面处理为保护性涂饰),铝蜂窝芯用3003H19,铝箔$T=0.05\sim0.07$蜂窝边长为3/16″(1/4″,3/8″,3/4″,1″)。蜂窝板厚度可根据需要选用6、10、15mm或20mm厚。不能使用纸蜂窝蜂窝铝板。其性能应符合现行国家标准的有关规定及设计要求。

(2)加工。

①切割蜂窝芯复合板能很容易地切割到所需尺寸,常用的锯子是带锯或带有硬质合金刀的盘锯,几块板同步切割可以提高效率。

带锯和线切割可以完成精密切割,使用切割机、金属加工铣床、龙门铣床(不推荐使用闸刀式剪切机)可使加工衔接面平滑美观。

②滚弯。铝蜂窝芯复合板可以用适当的小半径滚弯机滚弯,例如韧性胶接的10mm厚铝蜂窝板半径不小于500mm;对于6mm厚铝蜂窝板滚弯半径不小于200mm,三轴滚弯机可以更大的弯曲半径进行板弯曲,弯曲角度取决于辊子直径及辊直径,但会在圆弧的起始和终止部分出现75～100mm的平直部分,如觉得不美观,那就要截去这一部分或者用扎压床把这部分扎弯。

③折弯(图2-9)。铝蜂窝复合板折弯还可应用扎弯技术(图2-10),扎弯时在背面应加工出U形槽,用以下几种折弯方法。

用扎压床同时扎压背面折弯。用扎压床挤压背面边部形成圆弧板,折弯时为保证质量要在折弯台上进行。修整器适用于小批量、现场作业，大批量加工时，采用有起吊装置的圆盘刀沟槽切割机。

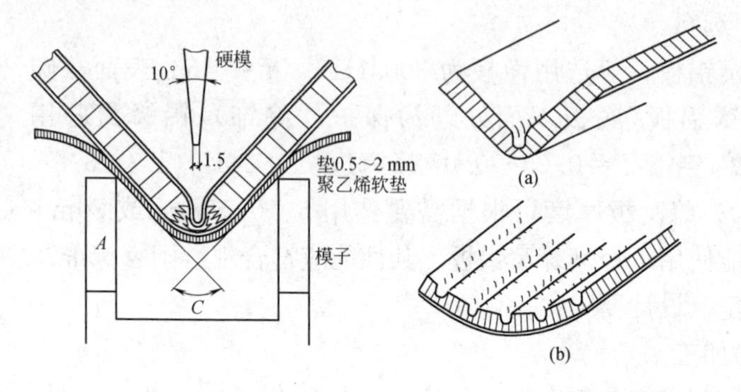

图 2-9　折弯

图 2-10　扎弯技术

(a)扎压床折弯；(b)扎压床挤压背面边部形成圆弧板

④挤压。铝蜂窝复合板可局部通过挤压减少厚度（不破坏芯子和蒙皮的粘拉而使蜂窝芯压缩）（图 2-11），允许施行以下加工方法（图 2-12）：压缝；用型材包边；叠加连接；用 H 型材连接。

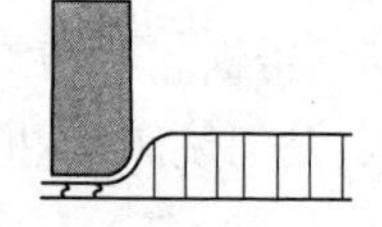

图 2-11　局部挤压

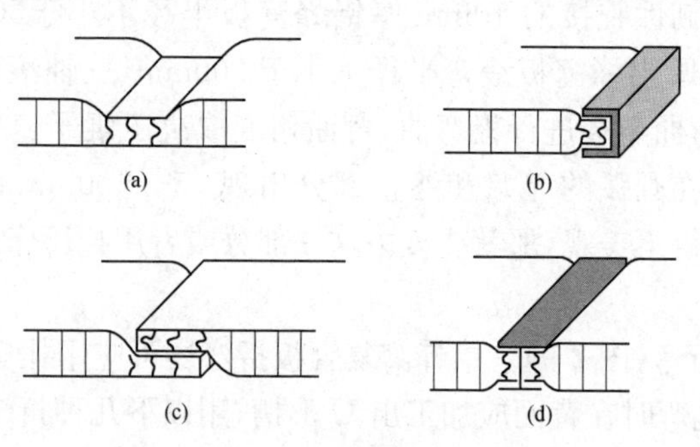

图 2-12　挤压加工方法

(a)压缝；(b)用型材包边；(c)叠加连接；(d)用 H 型材连接

⑤连接。铝蜂窝芯复合板能容易而且有效地连接到框架上,连接形状如下:盲孔连接;盲孔铆接,螺母螺钉组装;旋压螺纹螺钉组装。在气动荷载下,由于局部力的作用,热塑性胶防止复合板脱层。

⑥铣切。铝蜂窝复合板可以用简单工艺冷成型,这种刻槽折弯方法能够根据不同装饰要求,制成各种形状(图 2-13)。1mm 厚面板背部可以刻槽深0.5mm,槽底宽 1.2mm,向上呈90°展开(图 2-14)。

蜂窝铝板加工允许偏差见表 2-17。

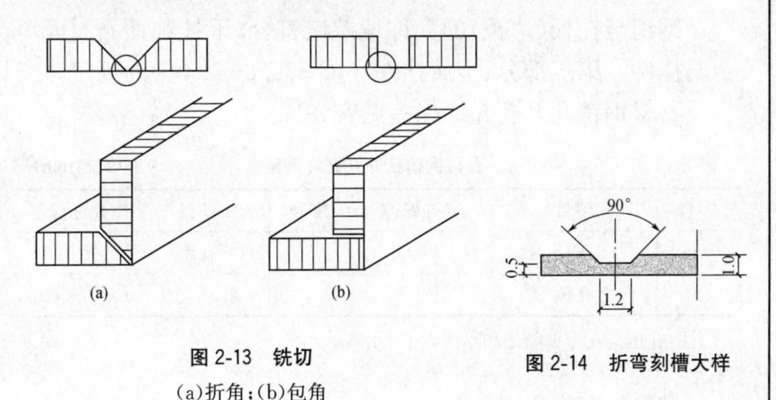

图 2-13　铣切
(a)折角;(b)包角

图 2-14　折弯刻槽大样

四、石材加工制作

1. 选料

(1)花岗石应选用抗弯强度不小于 8N/mm²、含水率不大于 0.6%、放射性核素限量为(A、B、C)级的石材,填缝用密封胶应选用符合《石材用建筑密封胶》(GB/T 23261—2009)要求的产品。

(2)微晶玻璃应选用符合《建筑装饰用微晶玻璃》(JC/T 872—2000)要求,并经抗急冷急热试验合格,放射性核素限量为(A、B、C)级的产品。

(3)瓷板应选用符合《建筑幕墙用瓷板》(JG/T 217—2007)的要求,放射性核素限量为(A、B、C)级的产品。

2. 加工

(1)钢销式。

钢销与托板(弯板)的允许偏差应符合《干挂饰面石材及其金属挂件　第二部分:金属挂件》(JC 830.2—2005)的规定。

石材钢销孔开孔允许偏差见表 2-18。

表 2-18　石材钢销孔开孔允许偏差　(单位:mm)

序号	项目	允许偏差	序号	项目	允许偏差
1	孔径	±0.5	3	孔距	±1.0
2	孔位	±0.5	4	孔垂直度	孔深/50

注:孔位与孔距偏差之和不得大于±1.0。

(2)通槽(短平槽)式。

开槽质量控制是保证设计落实的重要措施,设计即使做得准确完整,在施工时不进行质量控制,也不能取得好的效果。

用砂轮开槽要以外表面为定位基准,在施工时要在专用设备上开槽,用手提式砂轮要在施工机具上设定厚片以保证槽与外表面平行等距,见图 2-16～图 2-18。

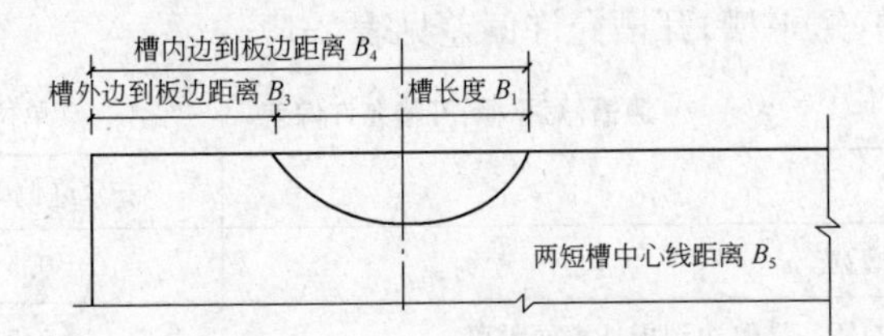

图 2-16　砂轮开槽定位基准图

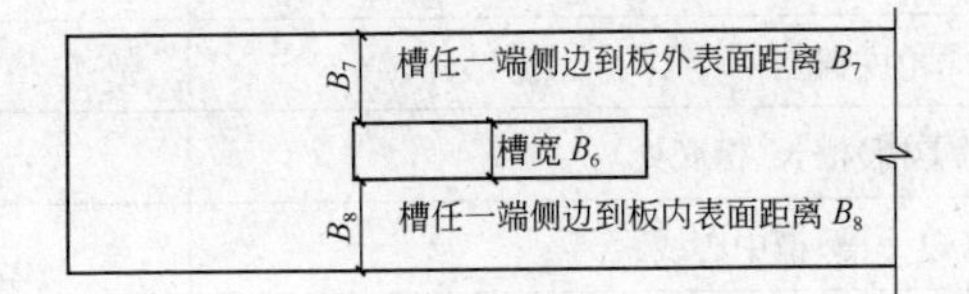

图 2-17　短槽式开槽允许偏差(一)

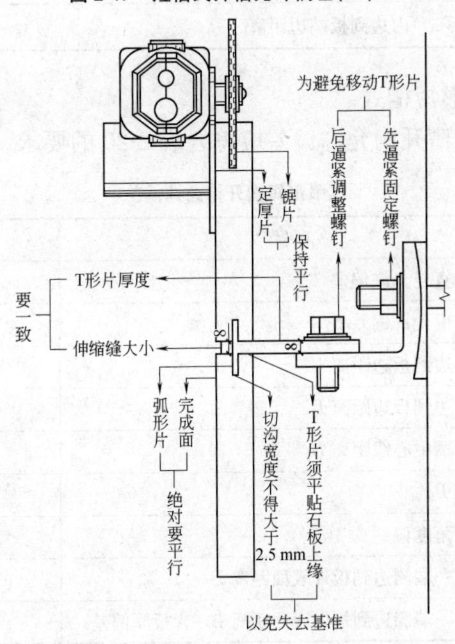

图 2-18　短槽式开槽允许偏差(二)

通槽(短平槽)开槽允许偏差见表 2-19。

表 2-19　通槽(短平槽)开槽允许偏差　(单位:mm)

序号	项目	允许偏差
1	槽宽	±0.5
2	槽任一端侧边到板外表面距离	±0.5
3	槽任一端侧边到板内表面距离(含板厚偏差)	±1.5
4	槽深角度偏差	槽深/20
5	(短平槽)槽长(槽底处)	±2.0
6	两(短平槽)槽中心线距离	±2.0
7	(短平槽)外边到板端边距离	±2.0
8	(短平槽)内边到板端边距离	±3.0

(3)弧形短槽式。

弧形短槽开槽允许偏差应符合表 2-20 的要求。

表 2-20　弧形短槽开槽允许偏差　(单位:mm)

序号	项目	允许偏差
1	砂轮直径允许偏差	+1、-2
2	槽长度允许偏差 B_1	±2
3	槽外边到板边距离 B_3	±2
4	槽内边到板边距离 B_4	±3
5	两短槽中心线距离 B_5	±2
6	槽宽 B_6	±0.5
7	槽深角度偏差	矢高/20
8	槽任一端侧边到板外表面距离 B_7	±0.5
9	槽任一端侧边到板内表面距离 B_8(含板厚偏差)	±1.5

(4)背栓式

钻孔要用背栓式石材自动钻孔机钻孔,不宜采用手提式钻孔机钻孔,孔位与孔距允许偏差见表 2-18,钻孔允许偏差见表 2-21。

表 2-21　钻孔允许偏差

序号	项目	M6	M8	M10－12
1	d_z(允差为 ＋0.4　－0.2)	ϕ11	ϕ13	ϕ15
2	d_h(允差为±0.3)	ϕ(13.5±0.3)	ϕ(15.5±0.3)	ϕ(18.5±0.3)
3	H_v(允差为 ＋0.4　－0.1)	10,12,15,18,21	15,18,21,25	5,18,21,25

五、半成品保护

半成品保护是指从加工厂制成的加工组件,如玻璃幕墙已打完胶的玻璃框架等的保护。做好半成品的保护,可以保证施工的质量和进度。

1. 半成品保护方法

半成品保护的方法有护、包、盖、封四种。

(1)护,就是提前保护。如为了防止玻璃面、铝型材污染或挂花,在其上贴一保护膜等。

(2)包,就是进行包裹,以防损坏或污染,如幕墙组件在运往施工现场的过程中进行的包装等。

(3)盖,就是表面覆盖,以防损伤和污染。

(4)封,就是局部封闭,防止损伤和污染。

此外,应加强教育,要求作业人员倍加注意爱护和保护半成品。在加工工程中,有时还会发生已加工好的部件丢失现象。

因此,还应采取一定的防盗措施。

2. 半成品保护措施

(1)加工制作阶段的保护措施。

①型材加工、存放所需台架等均垫木方或胶垫等软质物。

②型材周转车、工器具等,凡与型材接触部位均以胶垫防护,不允许型材与钢质构件或其他硬质物品直接接触。

③玻璃周转用玻璃架,玻璃架上采取垫胶垫等防护措施。

④玻璃加工平台需平整,并垫以毛毡等软质物。

⑤型材与钢架之间垫软质物隔离。

(2)产品包装阶段的保护措施。

①产品经检查及验收合格后,方可进行包装。

②包装工人按规定的方法和要求对产品进行包装。

③型材包装应尽量将同种规格的包装在一起,防止型材端部毛刺划伤型材表面。

④型材包装前应将其表面及腔内铝屑擦净,防止划伤。

⑤型材包装采用先贴保护胶带,然后外包带塑料膜的牛皮纸的方法。

⑥工人在包装过程中发现型材变形、表面划伤、气泡、腐蚀等缺陷或在包装其他产品时发现质量问题应及时向检验人员提出。

⑦产品在包装及搬运过程中应避免装饰表面的磕碰、划伤。

⑧对于截面尺寸较大的型材(竖框、横框、窗框、斜杆等),即最大一侧表面尺寸宽 40mm 左右的,采用保护胶带粘贴型材表面,然后进行外包装。

⑨对于截面尺寸较小的型材(各种副框),应视具体尺寸用编织带成捆包装。

⑩不同规格、尺寸、型号的型材不能包装在一起。

⑪对于组框后的窗或副框等尺寸较小者可用纺织带包裹，避免相互擦碰。

⑫包装应严密牢固，避免在周转运输中散包。

⑬产品包装时，在外包装上用毛笔写明或用其他方法注明产品的名称、代号、规格、数量、工程名称等。

⑭包装完成后，如不能立即装车发送现场，要放在指定地点，要摆放整齐。

第3部分　幕墙制作工岗位安全常识

一、幕墙制作工施工安全基本知识

1. 加工制作

（1）幕墙在加工前应对设计施工图进行认真的校核，并对已建建筑的主体结构进行复测，按实际尺寸调整幕墙并经设计单位同意后方可加工组装。

（2）用于加工幕墙构件的设备、机具，应使产品达到幕墙构件加工要求，量具定期进行检测。

（3）严禁使用过期的耐候硅酮密封胶。

2. 加工精度

（1）幕墙结构杆件截料前应进行校直调整。

（2）幕墙结构杆件截料长度尺寸的允许偏差为：竖杆±1.0mm，横杆±0.5mm。

（3）截料端头不应有明显加工变形，毛刺不大于0.2mm。

（4）孔位允许偏差为±0.5mm，孔距允许偏差为±0.5mm，累计偏差不大于±1.0mm。

3. 安全注意事项

（1）防火、保温材料施工时，操作人员必须佩戴防护口罩、穿防护服。

(2)搬运强制幕墙构件要检查索具和吊运机械设备,吊料下方严禁站人。

(3)所有料具须堆放在距离结构临边1m以内的结构内部,材料堆码严禁超高。

(4)搬运玻璃前应先检查玻璃是否有裂纹,特别要注意暗裂。

(5)搬运玻璃必须戴手套或用布、纸垫住玻璃边口部位与手及身体裸露部分分隔。

(6)使用天那水清洗幕墙时,室内要通风良好,佩戴口罩,严禁吸烟,周围不准有火种。沾有天那水的棉纱布应收集在金属容器内,并及时处理。

二、现场施工安全操作基本规定

1. 杜绝“三违”现象

员工遵章守纪,是实现安全生产的基础。员工在生产过程中,不仅要有熟练的技术,而且必须自觉遵守各项操作规程和劳动纪律,远离“三违”,即违章指挥、违章操作、违反劳动纪律。

(1)违章指挥。企业负责人和有关管理人员法制观念淡薄,缺乏安全知识,思想上存有侥幸心理,对国家、集体的财产和人民群众的生命安全不负责任。明知不符合安全生产有关条件,仍指挥作业人员冒险作业。

(2)违章作业。作业人员没有安全生产常识,不懂安全生产规章制度和操作规程,或者在知道基本安全知识的情况下,在作业过程中,违反安全生产规章制度和操作规程,不顾国家、集体的财产和他人、自己的生命安全,擅自作业,冒险蛮干。

(3)违反劳动纪律。上班时不知道劳动纪律,或者不遵守劳动纪律，违反劳动纪律进行冒险作业，造成不安全因素。

2. 牢记“三宝”和“四口、五临边”

(1)“三宝”指安全帽、安全带、安全网。安全帽、安全带、安全网是工人的三件宝，只有正确佩戴和使用，才可以保证个人安全。

(2)“四口”指楼梯口、电梯井口、预留洞口、通道口。“五临边”是指尚未安装栏杆的阳台周边、无外架防护的层面周边、框架工程楼层周边、上下跑道及斜道的两侧边、卸料平台的侧边。

“四口、五临边”是施工现场最危险和最容易发生事故的地方，因此对施工现场重要危险部位进行正确的防护，可以有效地减少事故发生，为工人作业提供一个安全的环境。

3. 做到“三不伤害”

“三不伤害”是指不伤害自己、不伤害他人、不被他人伤害。

施工现场每一个操作人员和管理人员都要增强自我保护意识，同时也要对安全生产自觉负起监督的责任，才能达到全员安全的目的。

施工时经常有上下层或者不同工种、不同队伍互相交叉作业的情况，要避免这时候发生危险。相互间协调好，上层作业时，要对作业区域围蔽，有人值守，防止人员进入作业区下方。此外落物伤人，也是工地经常发生的事故之一，进入施工现场，一定要戴好安全帽。作业过程中，观察周围，不伤害他人，也不被他人伤害，这是工地安全的基本原则。自己不违章，只能保证不伤害自己，不伤害别人。要做到不被别人伤害，就要及时制止他人违章。制止他人违章既保护了自己，也保护了他人。

4. 加强"三懂三会"能力

"三懂三会"即懂得本岗位和部门有什么火灾危险性，懂得灭火知识，懂得预防措施；会报火警，会使用灭火器材，会处理初起火灾。

5. 掌握"十项安全技术措施"

(1)按规定使用安全"三宝"。

(2)机械设备防护装置一定要齐全有效。

(3)塔吊等起重设备必须有限位保险装置，不准带病运转，不准超负荷作业，不准在运转中维修保养。

(4)架设电线线路必须符合当地电业局的规定，电气设备必须全部接零接地。

(5)电动机械和手持电动工具要设置漏电保护器。

(6)脚手架材料及脚手架的搭设必须符合规程要求。

(7)各种缆风绳及其设置必须符合规程要求。

(8)在建工程的楼梯口、电梯口、预留洞口、通道口，必须有防护设施。

(9)严禁赤脚或穿高跟鞋、拖鞋进入施工现场，高空作业不准穿硬底和带钉易滑的鞋靴。

(10)施工现场的悬崖、陡坎等危险地区应设警戒标志，夜间要设红灯示警。

6. 施工现场行走或上下的"十不准"

(1)不准从正在起吊、运吊中的物件下通过。

(2)不准从高处往下跳或奔跑作业。

(3)不准在没有防护的外墙和外壁板等建筑物上行走。

(4)不准站在小推车等不稳定的物体上操作。

(5)不得攀登起重臂、绳索、脚手架、井字架、龙门架和随同运料的吊盘及吊装物上下。

(6)不准进入挂有“禁止出入”或设有危险警示标志的区域、场所。

(7)不准在重要的运输通道或上下行走通道上逗留。

(8)未经允许不准私自进入非本单位作业区域或管理区域，尤其是存有易燃、易爆物品的场所。

(9)严禁在无照明设施、无足够采光条件的区域、场所内行走、逗留。

(10)不准无关人员进入施工现场。

7. 做到“十不盲目操作”

做到“十不盲目操作”，是防止违章和事故的基本操作要求。

(1)新工人未经三级安全教育，复工换岗人员未经安全岗位教育，不盲目操作。

(2)特殊工种人员、机械操作工未经专门安全培训，无有效安全上岗操作证，不盲目操作。

(3)施工环境和作业对象情况不清，施工前无安全措施或作业安全交底不清，不盲目操作。

(4)新技术、新工艺、新设备、新材料、新岗位无安全措施，未进行安全培训教育、交底，不盲目操作。

(5)安全帽和作业所必需的个人防护用品不落实，不盲日操作。

(6)脚手、吊篮、塔吊、井字架、龙门架、外用电梯、起重机械、电焊机、钢筋机械、木工平刨、圆盘锯、搅拌机、打桩机等设施设备和现浇混凝土模板支撑、搭设安装后，未经验收合格，不盲目操作。

(7)作业场所安全防护措施不落实,安全隐患不排除,威胁人身和国家财产安全时,不盲目操作。

(8)凡上级或管理干部违章指挥,有冒险作业情况时,不盲目操作。

(9)高处作业、带电作业、禁火区作业、易燃易爆作业、爆破性作业、有中毒或窒息危险的作业和科研实验等其他危险作业的,均应由上级指派,并经安全交底;未经指派批准、未经安全交底和无安全防护措施,不盲目操作。

(10)隐患未排除,有自己伤害自己、自己伤害他人、自己被他人伤害的不安全因素存在时,不盲目操作。

8."防止坠落和物体打击"的十项安全要求

(1)高处作业人员必须着装整齐,严禁穿硬塑料底等易滑鞋、高跟鞋,工具应随手放入工具袋中。

(2)高处作业人员严禁相互打闹,以免失足发生坠落事故。

(3)在进行攀登作业时,攀登用具结构必须牢固可靠,使用必须正确。

(4)各类手持机具使用前应检查,确保安全牢靠。洞口临边作业应防止物件坠落。

(5)施工人员应从规定的通道上下,不得攀爬脚手架、跨越阳台,不得在非规定通道进行攀登、行走。

(6)进行悬空作业时,应有牢靠的立足点并正确系挂安全带;现场应视具体情况配置防护栏网、栏杆或其他安全设施。

(7)高处作业时,所有物料应该堆放平稳,不可放置在临边或洞口附近,且不可妨碍通行。

(8)高处拆除作业时,对拆卸下的物料、建筑垃圾都要加以清理和及时运走,不得在走道上任意乱置或向下丢弃,保持作业走道畅通。

(9)高处作业时,不准往下或向上乱抛材料和工具等物件。

(10)各施工作业场所内,凡有坠落可能的任何物料,都应先行撤除或加以固定,拆卸作业要在设有禁区、有人监护的条件下进行。

9. 防止机械伤害的"一禁、二必须、三定、四不准"

(1)一禁。不懂电器和机械的人员严禁使用和摆弄机电设备。

(2)二必须。

①机电设备应完好,必须有可靠有效的安全防护装置。

②机电设备停电、停工休息时必须拉闸关机,按要求上锁。

(3)三定。

①机电设备应做到定人操作,定人保养、检查。

②机电设备应做到定机管理、定期保养。

③机电设备应做到定岗位和岗位职责。

(4)四不准。

①机电设备不准带病运转。

②机电设备不准超负荷运转。

③机电设备不准在运转时维修保养。

④机电设备运行时,操作人员不准将头、手、身伸入运转的机械行程范围内。

10."防止车辆伤害"的十项安全要求

(1)未经劳动、公安交通部门培训合格的持证人员,不熟悉车辆性能者不得驾驶车辆。

(2)应坚持做好例保工作，车辆制动器、喇叭、转向系统、灯光等影响安全的部件如作用不良，不准出车。

(3)严禁翻斗车、自卸车的车厢乘人，严禁人货混装，车辆载货应不超载、超高、超宽，捆扎应牢固可靠，应防止车内物体失稳跌落伤人。

(4)乘坐车辆应坐在安全处，头、手、身不得露出车厢外，要避免车辆启动制动时跌倒。

(5)车辆进出施工现场，在场内掉头、倒车，在狭窄场地行驶时应有专人指挥。

(6)现场行车进场要减速，并做到“四慢”，即道路情况不明要慢，线路不良要慢，起步、会车、停车要慢，在狭路、桥梁弯路、坡路、叉道、行人拥挤地点及出入大门时要慢。

(7)临近机动车道的作业区和脚手架等设施以及道路中的路障，应加设安全色标、安全标志和防护措施，并要确保夜间有充足的照明。

(8)装卸车作业时，若车辆停在坡道上，应在车轮两侧用楔形木块加以固定。

(9)人员在场内机动车道应避免右侧行走，并做到不平排结队有碍交通；避让车辆时，应不避让于两车交会之中，不站于旁有堆物无法退让的死角。

(10)机动车辆不得牵引无制动装置的车辆，牵引物体时物体上不得有人，人不得进入正在牵引的物与车之间，坡道上牵引时，车和被牵引物下方不得有人作业和停留。

11.“防止触电伤害”的十项安全操作要求

根据安全用电“装得安全、拆得彻底、用得正确、修得及时”的基本要求，为防止触电伤害的操作要求有：

(1)非电工严禁拆接电气线路、插头、插座、电气设备、电灯等。

(2)使用电气设备前必须检查线路、插头、插座、漏电保护装置是否完好。

(3)电气线路或机具发生故障时,应找电工处理,非电工不得自行修理或排除故障。

(4)使用振捣器等手持电动机械和其他电动机械从事湿作业时,要由电工接好电源,安装上漏电保护器,操作者必须穿戴好绝缘鞋、绝缘手套后再进行作业。

(5)搬迁或移动电气设备必须先切断电源。

(6)搬运钢筋、钢管及其他金属物时,严禁触碰到电线。

(7)禁止在电线上挂晒物料。

(8)禁止使用照明器烘烤、取暖,禁止擅自使用电炉和其他电加热器。

(9)在架空输电线路附近工作时,应停止输电,不能停电时,应有隔离措施,要保持安全距离,防止触碰。

(10)电线必须架空,不得在地面、施工楼面随意乱拖,若必须通过地面、楼面时,应有过路保护,物料、车、人不准压踏碾磨电线。

12. 施工现场防火安全规定

(1)施工现场要有明显的防火宣传标志。

(2)施工现场必须设置临时消防车道。其宽度不得小于3.5m,并保证临时消防车道的畅通,禁止在临时消防车道上堆物、堆料或挤占临时消防车道。

(3)施工现场必须配备消防器材,做到布局合理。要害部位应配备不少于4具的灭火器,要有明显的防火标志,并经常检查、维护、保养，保证灭火器材灵敏有效。

(4)施工现场消火栓应布局合理，消防干管直径不小于100mm，消火栓处昼夜要设有明显标志，配备足够的水龙带，周围3m内不准存放物品。地下消火栓必须符合防火规范。

(5)高度超过24m的建筑工程，应安装临时消防竖管。管径不得小于75mm，每层设消火栓口，配备足够的水龙带。消防水要保证足够的水源和水压，严禁消防竖管作为施工用水管线。消防泵房应使用非燃材料建造，位置设置合理，便于操作，并设专人管理，保证消防供水。消防泵的专用配电线路应引自施工现场总断路器的上端，要保证连续不间断供电。

(6)电焊工、气焊工从事电气设备安装的电焊、气焊切割作业，要有操作证和用火证。用火前，要对易燃、可燃物采取清除、隔离等措施，配备看火人员和灭火器具，作业后必须确认无火源隐患后方可离去。用火证当日有效。用火地点变换，要重新办理用火证手续。

(7)氧气瓶、乙炔瓶工作间距不小于5m，两瓶与明火作业距离不小于10m。建筑工程内禁止氧气瓶、乙炔瓶存放，禁止使用液化石油气"钢瓶"。

(8)施工现场使用的电气设备必须符合防火要求。临时用电必须安装过载保护装置，电闸箱内不准使用易燃、可燃材料。严禁超负荷使用电气设备。

(9)施工材料的存放、使用应符合防火要求。库房应采用非燃材料支搭，易燃易爆物品应专库储存，分类单独存放，保持通风，用电符合防火规定。不准在工程内、库房内调配油漆、烯料。

(10)工程内部不准作为仓库使用，不准存放易燃、可燃材料，因施工需要进入工程内部的可燃材料，要根据工程计划限量进入并采取可靠的防火措施。废弃材料应及时消除。

(11)施工现场使用的安全网、密目式安全网、密目式防尘网、保温材料,必须符合消防安全规定,不得使用易燃、可燃材料。

(12)施工现场严禁吸烟,不得在建筑工程内部设置宿舍。

(13)施工现场和生活区,未经有关部门批准不得使用电热器具。严禁工程中明火保温施工及宿舍内明火取暖。

(14)从事油漆粉刷或防水等有毒及易燃危险作业时,要有具体的防火要求,必要时派专人看护。

(15)生活区的设置必须符合消防管理规定。严禁使用可燃材料搭设,宿舍内不得卧床吸烟,房间内住 20 人以上必须设置不少于 2 处的安全门,居住 100 人以上,要有消防安全通道及人员疏散预案。

(16)生活区的用电要符合防火规定。食堂使用的燃料必须符合使用规定,用火点和燃料不能在同一房间内,使用时要有专人管理,停火时将总开关关闭,经常检查有无泄漏。

三、高处作业安全知识

1. 高处作业的一般施工安全规定和技术措施

按照《高处作业分级》(GB/T 3608—2008)规定:凡在坠落高度基准面 2m 以上(含 2m)的可能坠落的高处所进行的作业,都称为高处作业。

在施工现场高处作业中,如果未防护、防护不好或作业不当都可能发生人或物的坠落。人从高处坠落的事故,称为高处坠落事故。物体从高处坠落砸着下面人的事故,称为物体打击事故。建筑施工中的高处作业主要包括临边、洞口、攀登、悬空、交叉作业等类型，这些是高处作业伤亡事故可能发生的主要地点。

高处作业时的安全措施有设置防护栏杆，孔洞加盖，安装安全防护门，满挂安全平立网，必要时设置安全防护棚等。

(1)施工前，应逐级进行安全技术教育及交底，落实所有安全技术措施和个人防护用品，未经落实时不得进行施工。

(2)高处作业中的安全标志、工具、仪表、电气设施和各种设备，必须在施工前加以检查，确认其完好，方能投入使用。

(3)悬空、攀登高处作业以及搭设高处安全设施的人员必须按照国家有关规定，经过专门的安全作业培训，并取得特种作业操作资格证书后，方可上岗作业。

(4)从事高处作业的人员必须定期进行身体检查，诊断患有心脏病、贫血、高血压、癫痫病、恐高症及其他不适宜高处作业的疾病时，不得从事高处作业。

(5)高处作业人员应头戴安全帽，身穿紧口工作服，脚穿防滑鞋，腰系安全带。

(6)高处作业场所有坠落可能的物体，应一律先行撤除或予以固定。所用物件均应堆放平稳，不妨碍通行和装卸。工具应随手放入工具袋，拆卸下的物件及余料和废料均应及时清理运走，清理时应采用传递或系绳提溜方式，禁止抛掷。

(7)遇有六级以上强风、浓雾和大雨等恶劣天气，不得进行露天悬空与攀登高处作业。台风暴雨后，应对高处作业安全设施逐一检查，发现有松动、变形、损坏或脱落、漏雨、漏电等现象，应立即修理完善或重新设置。

(8)所有安全防护设施和安全标志等，任何人都不得损坏或擅自移动和拆除。因作业必须临时拆除或变动安全防护设施、安全标志时，必须经有关施工负责人同意，并采取相应的可靠措施，作业完毕后立即恢复。

(9)施工中对高处作业的安全技术设施发现有缺陷和隐患时，必须立即报告，及时解决。危及人身安全时，必须立即停止作业。

2. 高处作业的基本安全技术措施

(1)凡是临边作业，都要在临边处设置防护栏杆，一般上杆离地面高度为1.0～1.2m，下杆离地面高度为0.5～0.6m；防护栏杆必须自上而下用安全网封闭，或在栏杆下边设置严密固定的高度不低于18cm的挡脚板或40cm的挡脚竹笆。

(2)对于洞口作业，可根据具体情况采取设防护栏杆、加盖板、张挂安全网与装栅门等措施。

(3)进行攀登作业时，作业人员要从规定的通道上下，不能在阳台之间等非规定通道进行攀登，也不得任意利用吊车车臂架等施工设备进行攀登。

(4)进行悬空作业时，要设有牢靠的作业立足处，并视具体情况设防护栏杆，搭设架手架、操作平台，使用马凳，张挂安全网或其他安全措施；作业所用索具、脚手板、吊篮、吊笼、平台等设备，均需经技术鉴定方能使用。

(5)进行交叉作业时，注意不得在上下同一垂直方向上操作，下层作业的位置必须处于依上层高度确定的可能坠落范围之外。不符合以上条件时，必须设置安全防护层。

(6)结构施工自二层起，凡人员进出的通道口(包括井架、施工电梯的进出口)，均应搭设安全防护棚。高度超过24m时，防护棚应设双层。

(7)建筑施工进行高处作业之前，应进行安全防护设施的检查和验收。验收合格后，方可进行高处作业。

3. 高处作业安全防护用品使用常识

由于建筑行业的特殊性，高处作业中发生高处坠落、物体打击事故的比例最大。要避免伤亡事故，作业人员必须正确佩戴安全帽，调好帽箍，系好帽带；正确使用安全带，高挂低用；按规定架设安全网。

(1)安全帽。对人体头部受外力伤害（如物体打击）起防护作用的帽子。使用时要注意：

①选用经有关部门检验合格，其上有“安鉴”标志的安全帽。

②使用安全帽前先检查外壳是否破损，有无合格帽衬，帽带是否齐全，如果不符合要求则立即更换。

③调整好帽箍、帽衬(4～5cm)，系好帽带。

(2)安全带。高处作业人员预防坠落伤亡的防护用品。使用时要注意：

①选用经有关部门检验合格的安全带，并保证在使用有效期内。

②安全带严禁打结、续接。

③使用中，要可靠地挂在牢固的地方，高挂低用，且要防止摆动，避免明火和刺割。

④2m以上的悬空作业，必须使用安全带。

⑤在无法直接挂设安全带的地方，应设置挂安全带的安全拉绳、安全栏杆等。

(3)安全网。用来防止人、物坠落或用来避免、减轻坠落及物体打击伤害的网具。使用时要注意：

①要选用有合格证的安全网；在使用时，必须按规定到有关部门检测、检验合格，方可使用。

②安全网若有破损、老化，应及时更换。

③安全网与架体连接不宜绷得太紧，系结点要沿边分布均匀、绑牢。

④立网不得作为平网使用。

⑤立网必须选用密目式安全网。

四、脚手架作业安全技术常识

1. 脚手架的作用及常用架型

脚手架的搭设、拆除作业属悬空、攀登高处作业，其作业人员必须按照国家有关规定经过专门的安全作业培训，并取得特种作业操作资格证书后，方可上岗作业。其他无资格证书的作业人员只能做一些辅助工作，严禁悬空、登高作业。

脚手架的主要作用是在高处作业时供堆料、短距离水平运输及作业人员在上面进行施工作业。高处作业的五种基本类型的安全隐患在脚手架上作业中都会发生。

脚手架应满足以下基本要求：

(1)要有足够的牢固性和稳定性，保证施工期间在所规定的荷载和气候条件下，不产生变形、倾斜和摇晃。

(2)要有足够的使用面积，满足堆料、运输、操作和行走的要求。

(3)构造要简单，搭设、拆除和搬运要方便。

常用脚手架有扣件式钢管脚手架、门型钢管脚手架、碗扣式钢管架等。此外还有附着升降脚手架、吊篮式脚手架、挂式脚手架等。

2. 脚手架作业一般安全技术常识

(1)每项脚手架工程都要有经批准的施工方案并严格按照

此方案搭设和拆除，作业前必须组织全体作业人员熟悉施工和作业要求，进行安全技术交底。班组长要带领作业人员对施工作业环境及所需工具、安全防护设施等进行检查，消除隐患后方可作业。

(2)脚手架要结合工程进度搭设，结构施工时脚手架要始终高出作业面一步架，但不宜一次搭得过高。未完成的脚手架，作业人员离开作业岗位(休息或下班)时，不得留有未固定的构件，并应保证架子稳定。

脚手架要经验收签字后方可使用。分段搭设时应分段验收。在使用过程中要定期检查，较长时间停用、台风或暴雨过后使用前要进行检查加固。

(3)落地式脚手架基础必须坚实，若是回填土，必须平整夯实，并做好排水措施，以防止地基沉陷引起架子沉降、变形、倒塌。当基础不能满足要求时，可采取挑、吊、撑等技术措施，将荷载分段卸到建筑物上。

(4)设计搭设高度较小(15m以下)时，可采用抛撑；当设计高度较大时，采用既抗拉又抗压的连墙点(根据规范用柔性或刚性连墙点)。

(5)施工作业层的脚手板要满铺、牢固，离墙间隙不大于15cm，并不得出现探头板；在架子外侧四周设1.2m高的防护栏杆及18cm的挡脚板，且在作业层下装设安全平网；架体外排立杆内侧挂设密目式安全立网。

(6)脚手架出入口须设置规范的通道口防护棚；外侧临街或高层建筑脚手架，其外侧应设置双层安全防护棚。

(7)架子使用中，通常架上的均布荷载，不应超过规范规定。人员、材料不要太集中。

(8)在防雷保护范围之外，应按规定安装防雷保护装置。

(9)脚手架拆除时,应设警戒区和醒目标志,有专人负责警戒;架体上的材料、杂物等应消除干净;架体若有松动或危险的部位,应予以先行加固,再进行拆除。

(10)拆除顺序应遵循“自上而下,后装的构件先拆,先装的后拆,一步一清”的原则,依次进行。不得上下同时拆除作业,严禁用踏步式、分段、分立面拆除法。

(11)拆下来的杆件、脚手板、安全网等应用运输设备运至地面,严禁从高处向下抛掷。

五、施工现场临时用电安全知识

1. 现场临时用电安全基本原则

(1)建筑施工现场的电工、电焊工属于特种作业工种,必须按国家有关规定经专门安全作业培训,取得特种作业操作资格证书,方可上岗作业。其他人员不得从事电气设备及电气线路的安装、维修和拆除。

(2)建筑施工现场必须采用 TN-S 接零保护系统,即具有专用保护零线(PE 线)、电源中性点直接接地的 220/380V 三相五线制系统。

(3)建筑施工现场必须按“三级配电二级保护”设置。

(4)施工现场的用电设备必须实行“一机、一闸、一漏、一箱”制,即每台用电设备必须有自己专用的开关箱,专用开关箱内必须设置独立的隔离开关和漏电保护器。

(5)严禁在高压线下方搭设临建、堆放材料和进行施工作业;在高压线一侧作业时,必须保持至少 6m 的水平距离,达不到上述距离时,必须采取隔离防护措施。

(6)在宿舍工棚、仓库、办公室内,严禁使用电饭煲、电水壶、电炉、电热杯等较大功率电器。如需使用,应由项目部安排专业电工在指定地点安装,可使用较高功率电器的电气线路和控制器。严禁使用不符合安全要求的电炉、电热棒等。

(7)严禁在宿舍内乱拉、乱接电源,非专职电工不准乱接或更换熔丝,不准以其他金属丝代替熔丝(保险丝)。

(8)严禁在电线上晾衣服和挂其他东西等。

(9)搬运较长的金属物体,如钢筋、钢管等材料时,应注意不要碰触到电线。

(10)在临近输电线路的建筑物上作业时,不能随便往下扔金属类杂物;更不能触摸、拉动电线或与电线接触的钢丝和电杆的拉线。

(11)移动金属梯子和操作平台时,要观察高处输电线路与移动物体的距离,确认有足够的安全距离,再进行作业。

(12)在地面或楼面上运送材料时,不要踏在电线上;停放手推车,堆放钢模板、跳板、钢筋时,不要压在电线上。

(13)移动有电源线的机械设备,如电焊机、水泵、小型木工机械等,必须先切断电源,不能带电搬动。

(14)当发现电线坠地或设备漏电时,切不可随意跑动和触摸金属物体,并应保持10m以上距离。

2. 安全电压

安全电压是为防止触电事故而采用的50V以下特定电源供电的电压系列,分为42V、36V、24V、12V和6V五个等级,根据不同的作业条件,选用不同的安全电压等级。建筑施工现场常用的安全电压有12V、24V、36V。

以下特殊场所必须采用安全电压照明供电:

(1)室内灯具离地面低于2.4m、手持照明灯具、一般潮湿作业场所(地下室、潮湿室内、潮湿楼梯、隧道、人防工程以及有高温、导电灰尘等)的照明,电源电压应不大于 36V。

(2)潮湿和易触及带电体场所的照明电源电压,应不大于 24V。

(3)在特别潮湿的场所、锅炉或金属容器内、导电良好的地面使用手持照明灯具等,照明电源电压不得大于 12V。

3. 电线的相色

(1)正确识别电线的相色。

电源线路可分为工作相线(火线)、专用工作零线和专用保护零线。一般情况下,工作相线(火线)带电危险,专用工作零线和专用保护零线不带电(但在不正常情况下,工作零线也可以带电)。

(2)相色规定。

一般相线(火线)分为 A、B、C 三相,分别为黄色、绿色、红色;工作零线为黑色;专用保护零线为黄绿双色线。

严禁用黄绿双色、黑色、蓝色线充当相线,也严禁用黄色、绿色、红色线作为工作零线和保护零线。

4. 插座的使用

要正确使用与安装插座。

(1)插座分类。

常用的插座分为单相双孔、单相三孔和三相三孔、三相四孔等。

(2)选用与安装接线。

①三孔插座应选用“品字形”结构,不应选用等边三角形排列的结构,因为后者容易发生三孔互换,造成触电事故。

②插座在电箱中安装时，必须首先固定安装在安装板上，接地极与箱体一起作可靠的 PE 保护。

③三孔或四孔插座的接地孔（较粗的一个孔），必须置于顶部位置，不可倒置，两孔插座应水平并列安装，不准垂直并列安装。

④插座接线要求：对于两孔插座，左孔接零线，右孔接相线；对于三孔插座，左孔接零线，右孔接相线，上孔接保护零线；对于四孔插座，上孔接保护零线，其他三孔分别接 A、B、C 三根相线。

5. "用电示警"标志

正确识别"用电示警"标志或标牌，不得随意靠近、随意损坏和挪动标牌（表 3-1）。进入施工现场的每个人都必须认真遵守用电管理规定，见到用电示警标志或标牌时，不得随意靠近，更不准随意损坏、挪动标牌。

表 3-1　用电示警标志分类和使用

分类＼使用	颜色	使用场所
常用电力标志	红色	配电房、发电机房、变压器等重要场所
高压示警标志	字体为黑色，箭头和边框为红色	需高压示警场所
配电房示警标志	字体为红色，边框为黑色（或字与边框交换颜色）	配电房或发电机房
维护检修示警标志	底为红色，字为白色（或字为红色，底为白色，边框为黑色）	维护检修时相关场所
其他用电示警标志	箭头为红色，边框为黑色，字为红色或黑色	其他一般用电场所

6. 电气线路的安全技术措施

(1)施工现场电气线路全部采用“三相五线制”(TN-S 系统)专用保护接零(PE 线)系统供电。

(2)施工现场架空线采用绝缘铜线。

(3)架空线设在专用电杆上,严禁架设在树木、脚手架上。

(4)导线与地面保持足够的安全距离。

导线与地面最小垂直距离:施工现场应不小于 4m;机动车道应不小于 6m;铁路轨道应不小于 7.5m。

(5)无法保证规定的电气安全距离时,必须采取防护措施。

如果由于在建工程位置限制而无法保证规定的电气安全距离,必须采取设置防护性遮拦、栅栏,悬挂警告标志牌等防护措施,发生高压线断线落地时,非检修人员要远离落地处 10m 以外,以防跨步电压危害。

(6)为了防止设备外壳带电发生触电事故,设备应采用保护接零,并安装漏电保护器等措施。作业人员要经常检查保护零线连接是否牢固可靠,漏电保护器是否有效。

(7)在电箱等用电危险地方,挂设安全警示牌。如“有电危险”“禁止合闸,有人工作”等。

7. 照明用电的安全技术措施

施工现场临时照明用电的安全要求如下:

(1)临时照明线路必须使用绝缘导线。户内(工棚)临时线路的导线必须安装在离地 2m 以上的支架上;户外临时线路必须安装在离地 2.5m 以上的支架上,零星照明线不允许使用花线,一般应使用软电缆线。

(2)建设工程的照明灯具宜采用拉线开关。拉线开关距地。

面高度为2～3m，与出口、入口的水平距离为0.15～0.2m。

(3)严禁在床头设立开关和插座。

(4)电器、灯具的相线必须经过开关控制。

不得将相线直接引入灯具，也不允许以电气插头代替开关来分合电路，室外灯具距地面不得低于3m；室内灯具不得低于2.4m。

(5)使用手持照明灯具(行灯)应符合一定的要求：

①电源电压不超过36V。

②灯体与手柄应坚固，绝缘良好，并耐热防潮湿。

③灯头与灯体结合牢固。

④灯泡外部要有金属保护网。

⑤金属网、反光罩、悬吊挂钩应固定在灯具的绝缘部位上。

(6)照明系统中每一单相回路上，灯具和插座数量不宜超过25个，并应装设熔断电流为15A以下的熔断保护器。

8. 配电箱与开关箱的安全技术措施

施工现场临时用电一般采用三级配电方式，即总配电箱(或配电室)，下设分配电箱，再以下设开关箱，开关箱以下就是用电设备。

配电箱和开关箱的使用安全要求如下：

(1)配电箱、开关箱的箱体材料，一般应选用钢板，亦可选用绝缘板，但不宜选用木质材料。

(2)配电箱、开关箱应安装端正、牢固，不得倒置、歪斜。

固定式配电箱、开关箱的下底与地面垂直距离应大于或等于1.3m且小于或等于1.5m；移动式配电箱、开关箱的下底与地面的垂直距离应大于或等于0.6m且小于或等于1.5m。

(3)进入开关箱的电源线,严禁用插销连接。

(4)电箱之间的距离不宜太远。

配电箱与开关箱的距离不得超过30m。开关箱与固定式用电设备的水平距离不宜超过3m。

(5)每台用电设备应有各自专用的开关箱,且必须满足“一机、一闸、一漏、一箱”的要求,严禁用同一个开关电器直接控制两台及两台以上用电设备(含插座)。

开关箱中必须设漏电保护器,其额定漏电动作电流应不大于30mA,漏电动作时间应不大于0.1s。

(6)所有配电箱门应配锁,不得在配电箱和开关箱内挂接或插接其他临时用电设备,开关箱内严禁放置杂物。

(7)配电箱、开关箱的接线应由电工操作,非电工人员不得乱接。

9. 配电箱和开关箱的使用要求

(1)在停电、送电时,配电箱、开关箱之间应遵守合理的操作顺序。

送电操作顺序:总配电箱→分配电箱→开关箱。

断电操作顺序:开关箱→分配电箱→总配电箱。

正常情况下,停电时首先分断自动开关,然后分断隔离开关;送电时先合隔离开关,后合自动开关。

(2)使用配电箱、开关箱时,操作者应接受岗前培训,熟悉所使用设备的电气性能和掌握有关开关的正确操作方法。

(3)及时检查、维修,更换熔断器的熔丝必须用原规格的熔丝,严禁用铜线、铁线代替。

(4)配电箱的工作环境应经常保持设置时的要求,不得在其周围堆放任何杂物,保持必要的操作空间和通道。

(5)维修机器停电作业时，要与电源负责人联系停电，要悬挂警示标志，卸下保险丝，锁上开关箱。

10. 手持电动机具的安全使用要求

(1)一般场所应选用Ⅰ类手持式电动工具，并应装设额定漏电动作电流不大于15mA、额定漏电动作时间小于0.1s的漏电保护器。

(2)在露天、潮湿场所或金属构架上操作时，必须选用Ⅱ类手持式电动工具，并装设漏电保护器，严禁使用Ⅰ类手持式电动工具。

(3)负荷线必须采用耐用的橡皮护套铜芯软电缆。

单相用三芯(其中一芯为保护零线)电缆；三相用四芯(其中一芯为保护零线)电缆；电缆不得有破损或老化现象，中间不得有接头。

(4)手持电动工具应配备装有专用的电源开关和漏电保护器的开关箱，严禁一台开关接两台以上设备，其电源开关应采用双刀控制。

(5)手持电动工具开关箱内应采用插座连接，其插头、插座应无损坏、无裂纹，且绝缘良好。

(6)使用手持电动工具前，必须检查外壳、手柄、负荷线、插头等是否完好无损，接线是否正确(防止相线与零线错接)；发现工具外壳、手柄破裂，应立即停止使用并进行更换。

(7)非专职人员不得擅自拆卸和修理工具。

(8)作业人员使用手持电动工具时，应穿绝缘鞋，戴绝缘手套，操作时握其手柄，不得利用电缆提拉。

(9)长期搁置不用或受潮的工具在使用前应由电工测量绝缘阻值是否符合要求。

11. 触电事故及原因分析

(1)缺乏电气安全知识,自我保护意识淡薄。

电气设施安装或接线不是由专业电工操作,而是由非专业人员安装。安装人又无基本的电气安全知识,装设不符合电气基本要求,造成意外的触电事故。发生这种触电事故的原因都是缺乏电气安全知识,无自我保护意识。

(2)违反安全操作规程。

施工现场中,有人图方便,不用插头,在电箱乱拉乱接电线。还有人在宿舍私自拉接电线照明,在床上接音响设备、电风扇,有的甚至烧水、做饭等,极易造成触电事故。也有人凭经验用手去试探电器是否带电或不采取安全措施带电作业,或带着侥幸心理,在带电体(如高压线)周围,不采取任何安全措施,违章作业,造成触电事故等。

(3)不使用"TN-S"接零保护系统。

有的工地未使用"TN-S"接零保护系统,或者未按要求连接专用保护接零线,无有效地安全保护系统。不按"三级配电二级保护""一机、一闸、一漏、一箱"设置,造成工地用电使用混乱,易造成误操作,并且在触电时,使得安全保护系统未起可靠的安全保护效果。

(4)电气设备安装不合格。

电气设备安装必须遵守安全技术规定,否则由于安装错误,当人身接触带电部分时,就会造成触电事故。如电线高度不符合安全要求,太低,架空线乱拉、乱扯,有的还将电线拴在脚手架上,导线的接头只用老化的绝缘布包上,以及电气设备没有做保护接地、保护接零等,一旦漏电就会发生严重触电事故。

(5)电气设备缺乏正常检修和维护。

由于电气设备长期使用，易出现电气绝缘老化、导线裸露、胶盖刀闸胶木破损、插座盖子损坏等。如不及时检修，一旦漏电，将造成严重后果。

(6)偶然因素。

电力线被风刮断，导线接触地面引起跨步电压，当人走近该地区时就会发生触电事故。

六、起重吊装机械安全操作常识

1.基本要求

塔式起重机、施工电梯、物料提升机等施工起重机械的操作(也称为司机)、指挥、司索等作业人员属特种作业，必须按国家有关规定经专门安全作业培训，取得特种作业操作资格证书，方可上岗作业。

施工起重机械(也称垂直运输设备)必须由有相应的制造(生产)许可证的企业生产，并有出厂合格证。其安装、拆除、加高及附墙施工作业，必须由有相应作业资格的队伍作业，作业人员必须按国家有关规定经专门安全作业培训，取得特种作业操作资格证书，方可上岗作业。其他非专业人员不得上岗作业。安装、拆卸、加高及附墙施工作业前，必须有经审批、审查的施工方案，并进行方案及安全技术交底。

2.塔式起重机使用安全常识

(1)起重机"十不吊"。

①起重臂和吊起的重物下面有人停留或行走不准吊。

②起重指挥应由技术培训合格的专职人员担任，无指挥或信号不清不准吊。

③钢筋、型钢、管材等细长和多根物件必须捆扎牢靠，多点起吊。单头“千斤”或捆扎不牢靠不准吊。

④多孔板、积灰斗、手推翻斗车不用四点吊或大模板外挂板不用卸甲不准吊。预制钢筋混凝土楼板不准双拼吊。

⑤吊砌块必须使用安全可靠的砌块夹具，吊砖必须使用砖笼，并堆放整齐。木砖、预埋件等零星物件要用盛器堆放稳妥，叠放不齐不准吊。

⑥楼板、大梁等吊物上站人不准吊。

⑦埋入地下的板桩、井点管等以及粘连、附着的物件不准吊。

⑧多机作业，应保证所吊重物距离不小于 3m，在同一轨道上多机作业，无安全措施不准吊。

⑨六级以上强风不准吊。

⑩斜拉重物或超过机械允许荷载不准吊。

(2)塔式起重机吊运作业区域内严禁无关人员入内，起吊物下方不准站人。

(3)司机(操作)、指挥、司索等工种应按有关要求配备，其他人员不得作业。

(4)六级以上强风不准吊运物件。

(5)作业人员必须听从指挥人员的指挥，吊物起吊前作业人员应撤离。

(6)吊物的捆绑要求。

①吊运物件时，应清楚重量，吊运点及绑扎应牢固可靠。

②吊运散件物时，应用铁制合格料斗，料斗上应设有专用的牢固的吊装点；料斗内装物高度不得超过料斗上口边，散粒状的轻浮易撒物盛装高度应低于上口边线 10cm。

③吊运长条状物品(如钢筋、长条状木方等)，所吊物件应在

物品上选择两个均匀、平衡的吊点，绑扎牢固。

④吊运有棱角、锐边的物品时，钢丝绳绑扎处应做好防护措施。

3. 施工电梯使用安全常识

施工电梯也称外用电梯，也有称为（人、货两用）施工升降机，是施工现场垂直运输人员和材料的主要机械设备。

(1)施工电梯投入使用前，应在首层搭设出入口防护棚，防护棚应符合有关高处作业规范。

(2)电梯在大雨、大雾、六级以上大风以及导轨架、电缆等结冰时，必须停止使用，并将梯笼降到底层，切断电源。暴风雨后，应对电梯各安全装置进行一次检查，确认正常，方可使用。

(3)电梯底笼周围2.5m范围，应设置防护栏杆。

(4)电梯各出料口运输平台应平整牢固，还应安装牢固可靠的栏杆和安全门，使用时安全门应保持关闭。

(5)电梯使用应有明确的联络信号，禁止用敲打、呼叫等方式联络。

(6)乘坐电梯时，应先关好安全门，再关好梯笼门，方可启动电梯。

(7)梯笼内乘人或载物时，应使载荷均匀分布，不得偏重；严禁超载运行。

(8)等候电梯时，应站在建筑物内，不得聚集在通道平台上，也不得将头手伸出栏杆和安全门外。

(9)电梯每班首次载重运行时，当梯笼升离地面1～2m时，应停机试验制动器的可靠性；当发现制动效果不良时，应调整或修复后方可投入使用。

(10)操作人员应根据指挥信号操作。作业前应鸣声示意。

在电梯未切断总电源开关前，操作人员不得离开操作岗位。

（11）施工电梯发生故障的处理。

①当运行中发现异常情况时，应立即停机并采取有效措施，将梯笼降到底层，排除故障后方可继续运行。

②在运行中发现电梯失控时，应立即按下急停按钮；在未排除故障前，不得打开急停按钮。

③在运行中发现制动器失灵时，可将梯笼开至底层维修；或者让其下滑防坠安全器制动。

④在运行中发现故障时，不要惊慌，电梯的安全装置将提供可靠的保护；应听从专业人员的安排，或等待修复，或听从专业人员的指挥撤离。

（12）作业后，应将梯笼降到底层，各控制开关拨到零位，切断电源，锁好开关箱，闭锁梯笼门和围护门。

4. 物料提升机使用安全常识

物料提升机有龙门架、井字架式的，也有的称为（货用）施工升降机，是施工现场物料垂直运输的主要机械设备。

（1）物料提升机用于运载物料，严禁载人上下；装卸料人员、维修人员必须在安全装置可靠或采取了可靠的措施后，方可进入吊笼内作业。

（2）物料提升机进料口必须加装安全防护门，并按高处作业规范搭设防护棚，并设安全通道，防止从棚外进入架体中。

（3）物料提升机在运行时，严禁对设备进行保养、维修，任何人不得攀登架体或从架体内穿过。

（4）运载物料的要求。

①运送散料时，应使用料斗装载，并放置平稳；使用手推斗车装置于吊笼时，必须将手推斗车平稳并制动放置，注意车把手

及车不能伸出吊笼。

②运送长料时，物料不得超出吊笼；物料立放时，应捆绑牢固。

③物料装载时，应均匀分布，不得偏重，严禁超载运行。

(5)物料提升机的架体应有附墙或缆风绳，并应牢固可靠，符合说明书和规范的要求。

(6)物料提升机的架体外侧应用小网眼安全网封闭，防止物料在运行时坠落。

(7)禁止在物料提升机架体上进行焊接、切割或者钻孔等作业，防止损伤架体的任何构件。

(8)出料口平台应牢固可靠，并应安装防护栏杆和安全门。运行时安全门应保持关闭。

(9)吊笼上应有安全门，防止物料坠落；并且安全门应与安全停靠装置联锁。安全停靠装置应灵敏可靠。

(10)楼层安全防护门应有电气或机械锁装置，在安全门未可靠关闭时，禁止吊笼运行。

(11)作业人员等待吊笼时，应在建筑物内或者平台内距安全门 1m 以外处等待。严禁将头、手伸出栏杆或安全门。

(12)进出料口应安装明确的联络信号，高架提升机还应有可视系统。

5. 起重吊装作业安全常识

起重吊装是指建筑工程中，采用相应的机械设备和设施来完成结构吊装和设施安装，属于危险作业，作业环境复杂，技术难度大。

(1)作业前应根据作业特点编制专项施工方案，并对参加作业人员进行方案和安全技术交底。

(2)作业时周边应设置警戒区域,设置醒目的警示标志,防止无关人员进入;特别危险处应设监护人员。

(3)起重吊装作业大多数作业点都必须由专业技术人员作业;属于特种作业的人员必须按国家有关规定经专门安全作业培训,取得特种作业操作资格证书,方可上岗作业。

(4)作业人员应根据现场作业条件选择安全的位置作业。在卷扬机与地滑轮穿越钢丝绳的区域,禁止人员站立和通行。

(5)吊装过程必须设有专人指挥,其他人员必须服从指挥。起重指挥不能兼作其他工种,并应确保起重司机清晰准确地听到指挥信号。

(6)作业过程必须遵守起重机“十不吊”原则。

(7)被吊物的捆绑要求,按塔式起重机被吊物捆绑作业要求。

(8)构件存放场地应该平整坚实。构件叠放用方木垫平,必须稳固,不准超高(一般不宜超过1.6m)。构件存放除设置垫木外,必要时要设置相应的支撑,提高其稳定性。禁止无关人员在堆放的构件中穿行,防止发生构件倒塌挤人事故。

(9)在露天遇六级以上大风或大雨、大雪、大雾等天气时,应停止起重吊装作业。

(10)起重机作业时,起重臂和吊物下方严禁有人停留、工作或通过。重物吊运时,严禁人从上方通过。严禁用起重机载运人员。

(11)经常使用的起重工具注意事项。

①手动倒链:操作人员应经培训合格后方可上岗作业,吊物时应挂牢后慢慢拉动倒链,不得斜向拽拉。当一人拉不动时,应查明原因,禁止多人一齐猛拉。

②手搬葫芦:操作人员应经培训合格后方可上岗作业,使用

前检查自锁夹钳装置的可靠性，当夹紧钢丝绳后，应能往复运动，否则禁止使用。

③千斤顶：操作人员应经培训合格后方可上岗作业，千斤顶置于平整坚实的地面上，并垫木板或钢板，防止地面沉陷。顶部与光滑物接触面应垫硬木，防止滑动。开始操作应逐渐顶升，注意防止顶歪，始终保持重物的平衡。

七、中小型施工机械安全操作常识

1. 基本安全操作要求

施工机械的使用必须按“定人、定机”制度执行。操作人员必须经培训合格，方可上岗作业，其他人员不得擅自使用。机械使用前，必须对机械设备进行检查，各部位确认完好无损，并空载试运行，符合安全技术要求，方可使用。

施工现场机械设备必须按其控制的要求，配备符合规定的控制设备，严禁使用倒顺开关。在使用机械设备时，必须严格按照安全操作规程，严禁违章作业；发现有故障、有异常响动、温度异常升高时，都必须立即停机，经过专业人员维修，并检验合格后，方可重新投入使用。

操作人员应做到“调整、紧固、润滑、清洁、防腐”十字作业的要求，按有关要求对机械设备进行保养。操作人员在作业时，不得擅自离开工作岗位。下班时，应先将机械停止运行，然后断开电源，锁好电箱，方可离开。

2. 混凝土(砂浆)搅拌机安全操作要求

(1)搅拌机的安装一定要平稳、牢固。长期固定使用时，应埋置地脚螺栓；短期使用时，应在机座上铺设木枕或撑架找平，牢固放置。

(2)料斗提升时,严禁在料斗下工作或穿行。清理料斗坑时,必须先切断电源,锁好电箱,并将料斗双保险钩挂牢或插上保险插销。

(3)运转时,严禁将头或手伸入料斗与机架之间查看,不得用工具或物件伸入搅拌筒内。

(4)运转中严禁保养维修。维修保养搅拌机,必须拉闸断电,锁好电箱,挂好"有人工作,严禁合闸"牌,并有专人监护。

3. 混凝土振动器安全操作要求

常用的混凝土振动器有插入式和平板式。

(1)振动器应安装漏电保护装置,保护接零应牢固可靠。作业时操作人员应穿戴绝缘胶鞋和绝缘手套。

(2)使用前,应检查各部位无损伤,并确认连接牢固,旋转方向正确。

(3)电缆线应满足操作所需的长度。严禁用电缆线拖拉或吊挂振动器。振动器不得在初凝的混凝土、地板、脚手架和干硬的地面上进行试振。在检修或作业间断时,应断开电源。

(4)作业时,振动棒软管的弯曲半径不得小于500mm,并不得多于两个弯,操作时应将振动棒垂直地沉入混凝土,不得用力硬插、斜推或让钢筋夹住棒头,也不得全部插入混凝土中,插入深度不应超过棒长的3/4,不宜触及钢筋、芯管及预埋件。

(5)作业停止需移动振动器时,应先关闭电动机,再切断电源。不得用软管拖拉电动机。

(6)平板式振动器工作时,应使平板与混凝土保持接触,待表面出浆,不再下沉后,即可缓慢移动;运转时,不得搁置在已凝或初凝的混凝土上。

(7)移动平板式振动器应使用干燥绝缘的拉绳,不得用脚踢电动机。

4.钢筋切断机安全操作要求

(1)机械未达到正常转速时,不得切料。切料时,应使用切刀的中、下部位,紧握钢筋对准刃口迅速投入,操作者应站在固定刀片一侧用力压住钢筋,应防止钢筋末端弹出伤人。严禁用两手在刀片两边握住钢筋俯身送料。

(2)不得剪切直径及强度超过机械铭牌规定的钢筋和烧红的钢筋。一次切断多根钢筋时,其总截面积应在规定范围内。

(3)切断短料时,手和切刀之间的距离应保持在150mm以上,如手握端小于400mm时,应采用套管或夹具将钢筋短头压住或夹牢。

(4)运转中严禁用手直接清除切刀附近的断头和杂物。钢筋摆动周围和切刀周围,不得停留非操作人员。

5.钢筋弯曲机安全操作要求

(1)应按加工钢筋的直径和弯曲半径的要求,装好相应规格的芯轴和成型轴、挡铁轴。芯轴直径应为钢筋直径的2.5倍。挡铁轴应有轴套,挡铁轴的直径和强度不得小于被弯钢筋的直径和强度。

(2)作业时,应将钢筋需弯曲一端插入转盘固定销的间隙内,另一端紧靠机身固定销,并用手压紧;应检查机身固定销并确认安放在挡住钢筋的一侧,方可开动。

(3)作业中,严禁更换轴芯、销子和变换角度以及调整,也不得进行清扫和加油。

(4)对超过机械铭牌规定直径的钢筋严禁进行弯曲。不直的钢筋不得在弯曲机上弯曲。

(5)在弯曲钢筋的作业半径内和机身不设固定销的一侧严禁站人。

(6)转盘换向时,应待停稳后进行。

(7)作业后,应及时清除转盘及插入座孔内的铁锈、杂物等。

6. 钢筋调直切断机安全操作要求

(1)应按调直钢筋的直径,选用适当的调直块及传动速度。调直块的孔径应比钢筋直径大 2～5mm,传动速度应根据钢筋直径选用,直径大的宜选用慢速,经调试合格,方可作业。

(2)在调直块未固定、防护罩未盖好前不得送料。作业中严禁打开各部防护罩并调整间隙。

(3)当钢筋送入后,手与轮应保持一定的距离,不得接近。

(4)送料前应将不直的钢筋端头切除。导向筒前应安装一根 1m 长的钢管,钢筋应穿过钢管再送入调直机前端的导孔内。

7. 钢筋冷拉安全操作要求

(1)卷扬机的位置应使操作人员能见到全部的冷拉场地,卷扬机与冷拉中线的距离不得少于 5m。

(2)冷拉场地应在两端地锚外侧设置警戒区,并应安装防护栏及醒目的警示标志。严禁非作业人员在此停留。操作人员在作业时必须离开钢筋 2m 以外。

(3)卷扬机操作人员必须看到指挥人员发出的信号,并待所有的人员离开危险区后方可作业。冷拉应缓慢、均匀。当有停车信号或有人进入危险区时,应立即停拉,并稍稍放松卷扬机钢丝绳。

(4)夜间作业的照明设施，应装设在张拉危险区外。当需要装设在场地上空时，其高度应超过5m。灯泡应加防护罩。

8. 圆盘锯安全操作要求

(1)锯片必须平整，锯齿尖锐，不得连续缺齿2个，裂纹长度不得超过20mm。

(2)被锯木料厚度，以锯片能露出木料10～20mm为限。

(3)启动后，必须等待转速正常后，方可进行锯料。

(4)关料时，不得将木料左右晃动或者高抬，遇木节要慢送料。锯料长度不小于500mm。接近端头时，应用推棍送料。

(5)若锯线走偏，应逐渐纠正，不得猛扳。

(6)操作人员不应站在锯片同一直线上操作。手臂不得跨越锯片工作。

9. 蛙式夯实机安全操作要求

(1)夯实作业时，应一人扶夯，一人传递电缆线，且必须戴绝缘手套和穿绝缘鞋。电缆线不得扭结或缠绕，且不得张拉过紧，应保持有3～4m的余量。移动时，应将电缆线移至夯机后方，不得隔机扔电缆线，当转向困难时，应停机调整。

(2)作业时，手握扶手应保持机身平衡，不得用力向后压，并应随时调整行进方向。转弯时不宜用力过猛，不得急转弯。

(3)夯实填高土方时，应在边缘以内100～150mm夯实2～3遍后，再夯实边缘。

(4)在较大基坑作业时，不得在斜坡上夯行，应避免造成夯头后折。

(5)夯实房心土时，夯板应避开房心地下构筑物、钢筋混凝土基桩、机座及地下管道等。

(6)在建筑物内部作业时,夯板或偏心块不得打在墙壁上。

(7)多机作业时,机平列间距不得小于 5m,前后间距不得小于 10m。

(8)夯机前进方向和夯机四周 1m 范围内,不得站立非操作人员。

10. 振动冲击夯安全操作要求

(1)内燃冲击夯启动后,内燃机应慢速运转 3～5min,然后逐渐加大油门,待夯机跳动稳定后,方可作业。

(2)电动冲击夯在接通电源启动后,应检查电动机旋转方向,有错误时应倒换相联系线。

(3)作业时应正确掌握夯机,不得倾斜,手把不宜握得过紧,能控制夯机前进速度即可。

(4)正常作业时,不得使劲往下压手把,以免影响夯机跳起高度。在较松的填料上作业或上坡时,可将手把稍向下压,增加夯机前进速度。

(5)电动冲击夯操作人员必须戴绝缘手套,穿绝缘鞋。作业时,电缆线不应拉得过紧,应经常检查线头安装,不得松动及引起漏电。严禁冒雨作业。

11. 潜水泵安全操作要求

(1)潜水泵宜先装在坚固的篮筐里再放入水中,亦可在水中将泵的四周设立坚固的防护围网。泵应直立于水中,水深不得小于 0.5m,不得在含有泥沙的水中使用。

(2)潜水泵放入水中或提出水面时,应先切断电源,严禁拉拽电缆或出水管。

(3)潜水泵应装设保护接零和漏电保护装置,工作时泵周围

30m以内水面，不得有人、畜进入。

(4)应经常观察水位变化，叶轮中心至水平距离应在0.5～3.0m之间，泵体不得陷入污泥或露出水面。电缆不得与井壁、池壁相擦。

(5)每周应测定一次电动机定子绕组的绝缘电阻，其值应无下降。

12. 交流电焊机安全操作要求

(1)外壳必须有保护接零，应有二次空载降压保护器和触电保护器。

(2)电源应使用自动开关，接线板应无损坏，有防护罩。一次线长度不超过5m，二次线长度不得超过30m。

(3)焊接现场10m范围内，不得有易燃、易爆物品。

(4)雨天不得室外作业。在潮湿地点焊接时，要站在胶板或其他绝缘材料上。

(5)移动电焊机时，应切断电源，不得用拖拉电缆的方法移动。当焊接中突然停电时，应立即切断电源。

13. 气焊设备安全操作要求

(1)氧气瓶与乙炔瓶使用时的间距不得小于5m，存放时的间距不得小于3m，并且距高温、明火等不得小于10m；达不到上述要求时，应采取隔离措施。

(2)乙炔瓶存放和使用必须立放，严禁倒放。

(3)在移动气瓶时，应使用专门的抬架或小推车；严禁氧气瓶与乙炔瓶混合搬运；禁止直接使用钢丝绳、链条捆绑搬运。

(4)开关气瓶应使用专用工具。

(5)严禁敲击、碰撞气瓶，作业人员工作时不得吸烟。

第4部分　相关法律法规及务工常识

一、相关法律法规(摘录)

1. 中华人民共和国建筑法(摘录)

第三十六条　建筑工程安全生产管理必须坚持安全第一、预防为主的方针，建立健全安全生产的责任制度和群防群治制度。

第四十四条　建筑施工企业必须依法加强对建筑安全生产的管理，执行安全生产责任制度，采取有效措施，防止伤亡和其他安全生产事故的发生。

建筑施工企业的法定代表人对本企业的安全生产负责。

第四十六条　建筑施工企业应当建立健全劳动安全生产教育培训制度，加强对职工安全生产的教育培训；未经安全生产教育培训的人员，不得上岗作业。

第四十七条　建筑施工企业和作业人员在施工过程中，应当遵守有关安全生产的法律、法规和建筑行业安全规章、规程，不得违章指挥或者违章作业。作业人员有权对影响人身健康的作业程序和作业条件提出改进意见，有权获得安全生产所需的防护用品。作业人员对危及生命安全和人身健康的行为有权提出批评、检举和控告。

第四十八条　建筑施工企业应当依法为职工参加工伤保险，缴纳工伤保险费，鼓励企业为从事危险作业的职工办理意外伤害保险，支付保险费。

第五十一条　施工中发生事故时，建筑施工企业应当采取紧急措施减少人员伤亡和事故损失，并按照国家有关规定及时向有关部门报告。

2. 中华人民共和国劳动法（摘录）

第三条　劳动者享有平等就业和选择职业的权利、取得劳动报酬的权利、休息休假的权利、获得劳动安全卫生保护的权利、接受职业技能培训的权利、享受社会保险和福利的权利、提请劳动争议处理的权利以及法律规定的其他劳动权利。劳动者应当完成劳动任务，提高职业技能，执行劳动安全卫生规程，遵守劳动纪律和职业道德。

第十五条　禁止用人单位招用未满十六周岁的未成年人。

第十六条　劳动合同是劳动者与用人单位确立劳动关系、明确双方权利和义务的协议。

建立劳动关系应当订立劳动合同。

第五十四条　用人单位必须为劳动者提供符合国家规定的劳动安全卫生条件和必要的劳动防护用品，对从事有职业危害作业的劳动者应当定期进行健康检查。

第五十五条　从事特种作业的劳动者必须经过专门培训并取得特种作业资格。

第五十六条　劳动者在劳动过程中必须严格遵守安全操作规程。劳动者对用人单位管理人员违章指挥、强令冒险作业，有权拒绝执行；对危害生命安全和身体健康的行为，有权提出批评、检举和控告。

第五十八条　国家对女职工和未成年工实行特殊劳动保护。

未成年工是指年满十六周岁、未满十八周岁的劳动者。

第六十八条　用人单位应当建立职业培训制度，按照国家规定提取和使用职业培训经费，根据本单位实际，有计划地对劳动者进行职业培训。从事技术工种的劳动者，上岗前必须经过培训。

第七十二条　用人单位和劳动者必须依法参加社会保险，缴纳社会保险费。

第七十七条　用人单位与劳动者发生劳动争议，当事人可以依法申请调解、仲裁、提起诉讼，也可协商解决。调解原则适用于仲裁和诉讼程序。

3. 中华人民共和国安全生产法（摘录）

第六条　生产经营单位的从业人员有依法获得安全生产保障的权利，并应当依法履行安全生产方面的义务。

第十七条　生产经营单位应当具备本法和有关法律、行政法规和国家标准或者行业标准规定的安全生产条件；不具备安全生产条件的，不得从事生产经营活动。

第十八条　生产经营单位的主要负责人对本单位安全生产工作负有下列职责：

（一）建立、健全本单位安全生产责任制；

（二）组织制定本单位安全生产规章制度和操作规程；

（三）组织制定并实施本单位安全生产教育和培训计划；

（四）保证本单位安全生产投入的有效实施；

（五）督促、检查本单位的安全生产工作，及时消除生产安全事故隐患；

（六）组织制定并实施本单位的生产安全事故应急救援预案；

（七）及时、如实报告生产安全事故。

第二十五条　生产经营单位应当对从业人员进行安全生产教育和培训，保证从业人员具备必要的安全生产知识，熟悉有关的安全生产规章制度和安全操作规程，掌握本岗位的安全操作技能，了解事故应急处理措施，知悉自身在安全生产方面的权利和义务。未经安全生产教育和培训合格的从业人员，不得上岗作业。

第二十七条　生产经营单位的特种作业人员必须按照国家有关规定经专门的安全作业培训，取得相应资格，方可上岗作业。

特种作业人员的范围由国务院安全生产监督管理部门会同国务院有关部门确定。

第四十一条　生产经营单位应当教育和督促从业人员严格执行本单位的安全生产规章制度和安全操作规程；并向从业人员如实告知作业场所和工作岗位存在的危险因素、防范措施以及事故应急措施。

第四十二条　生产经营单位必须为从业人员提供符合国家标准或者行业标准的劳动防护用品，并监督、教育从业人员按照使用规则佩戴、使用。

第四十四条　生产经营单位应当安排用于配备劳动防护用品、进行安全生产培训的经费。

第四十八条　生产经营单位必须依法参加工伤保险，为从业人员缴纳保险费。

国家鼓励生产经营单位投保安全生产责任保险。

第四十九条　生产经营单位与从业人员订立的劳动合同，应当载明有关保障从业人员劳动安全、防止职业危害的事项，以及依法为从业人员办理工伤保险的事项。

生产经营单位不得以任何形式与从业人员订立协议，免除或者减轻其对从业人员因生产安全事故伤亡依法应承担的责任。

第五十条　生产经营单位的从业人员有权了解其作业场所和工作岗位存在的危险因素、防范措施及事故应急措施，有权对本单位的安全生产工作提出建议。

第五十一条　从业人员有权对本单位安全生产工作中存在的问题提出批评、检举、控告，有权拒绝违章指挥和强令冒险作业。

生产经营单位不得因从业人员对本单位安全生产工作提出批评、检举、控告或者拒绝违章指挥、强令冒险作业而降低其工资、福利等待遇，或者解除与其订立的劳动合同。

第五十二条　从业人员发现直接危及人身安全的紧急情况时，有权停止作业或者在采取可能的应急措施后撤离作业场所。

生产经营单位不得因从业人员在前款紧急情况下停止作业或者采取紧急撤离措施而降低其工资、福利等待遇或者解除与其订立的劳动合同。

第五十三条　因生产安全事故受到损害的从业人员，除依法享有工伤保险外，依照有关民事法律尚有获得赔偿的权利的，有权向本单位提出赔偿要求。

第五十四条　从业人员在作业过程中，应当严格遵守本单位的安全生产规章制度和操作规程，服从管理，正确佩戴和使用劳动防护用品。

第五十五条　从业人员应当接受安全生产教育和培训，掌握本职工作所需的安全生产知识，提高安全生产技能，增强事故预防和应急处理能力。

第五十六条　从业人员发现事故隐患或者其他不安全因

素，应当立即向现场安全生产管理人员或者本单位负责人报告；接到报告的人员应当及时予以处理。

4.建设工程安全生产管理条例(摘录)

第十八条 施工起重机械和整体提升脚手架、模板等自升式架设设施的使用达到国家规定的检验、检测期限的，必须经具有专业资质的检验、检测机构检测。经检测不合格的，不得继续使用。

第二十五条 垂直运输机械作业人员、安装拆卸工、爆破作业人员、起重信号工、登高架设作业人员等特种作业人员，必须按照国家有关规定经过专门的安全作业培训，并取得特种作业操作资格证书后，方可上岗作业。

第二十七条 建设工程施工前，施工单位负责项目管理的技术人员应当对有关安全施工的技术要求向施工作业班组、作业人员做出详细说明，并由双方签字确认。

第二十八条 施工单位应当在施工现场入口处、施工起重机械、临时用电设施、脚手架、出入通道口、楼梯口、电梯井口、孔洞口、桥梁口、隧道口、基坑边沿、爆破物及有害危险气体和液体存放处等危险部位，设置明显的安全警示标志。安全标志必须符合国家标准。

第二十九条 施工单位应当将施工现场的办公、生活区与作业区分开设置，并保持安全距离；办公、生活区的选择应当符合安全性要求。职工的膳食、饮水、休息场所等应当符合卫生标准。施工单位不得在尚未竣工的建筑物内设置员工集体宿舍。

施工现场临时搭建的建筑物应当符合安全使用要求。施工现场使用的装配式活动房屋应当具有产品合格证。

第三十二条 施工单位应当向作业人员提供安全防护用具

和安全防护服装，并书面告知危险岗位的操作规程和违章操作的危害。

作业人员有权对施工现场的作业条件、作业程序和作业方式中存在的安全问题提出批评、检举和控告，有权拒绝违章指挥和强令冒险作业。

在施工中发生危及人身安全的紧急情况时，作业人员有权立即停止作业或者在采取必要的应急措施后撤离危险区域。

第三十三条　作业人员应当遵守安全施工的强制性标准、规章制度和操作规程，正确使用安全防护用具、机械设备等。

第三十六条　施工单位应当对管理人员和作业人员每年至少进行一次安全生产教育培训，其教育培训情况记入个人工作档案。安全生产教育培训考核不合格的人员，不得上岗。

第三十七条　作业人员进入新的岗位或者新的施工现场前，应当接受安全生产教育培训。未经教育培训或者教育培训考核不合格的人员，不得上岗作业。

施工单位在采用新技术、新工艺、新设备、新材料时，应当对作业人员进行相应的安全生产教育培训。

第三十八条　施工单位应当为施工现场从事危险作业的人员办理意外伤害保险。

意外伤害保险费由施工单位支付。

5. 工伤保险条例（摘录）

第二条　中华人民共和国境内的企业、事业单位、社会团体、民办非企业单位、基金会、律师事务所、会计师事务所等组织和有雇工的个体工商户（以下称用人单位）应当依照本条例规定参加工伤保险，为本单位全部职工或者雇工（以下称职工）缴纳工伤保险费。

中华人民共和国境内的企业、事业单位、社会团体、民办非企业单位、基金会、律师事务所、会计师事务所等组织的职工和个体工商户的雇工，均有依照本条例的规定享受工伤保险待遇的权利。

第十条　用人单位应当按时缴纳工伤保险费。职工个人不缴纳工伤保险费。

第二十一条　职工发生工伤，经治疗伤情相对稳定后存在残疾、影响劳动能力的，应当进行劳动能力鉴定。

第三十条　职工因工作遭受事故伤害或者患职业病进行治疗，享受工伤医疗待遇……

二、务工就业及社会保险

1. 劳动合同

(1)用人单位应当依法与劳动者签订劳动合同。

劳动合同是劳动者与用人单位确立劳动关系、明确双方权利和义务的协议。建立劳动关系应当订立劳动合同。订立和变更劳动合同，应遵循平等自愿、协商一致的原则，不得违反法律、行政法规的规定。劳动合同应当具备以下必备条款：

①劳动合同期限。即劳动合同的有效时间。

②工作内容。即劳动者在劳动合同有效期内所从事的工作岗位(工种)，以及工作应达到的数量、质量指标或者应当完成的任务。

③劳动保护和劳动条件。即为了保障劳动者在劳动过程中的安全、卫生及其他劳动条件，用人单位根据国家有关法律、法规而采取的各项保护措施。

④劳动报酬。即在劳动者提供了正常劳动的情况下，用人

单位应当支付的工资。

⑤劳动纪律。即劳动者在劳动过程中必须遵守的工作秩序和规则。

⑥劳动合同终止的条件。即除了期限以外其他由当事人约定的特定法律事实，这些事实一出现，双方当事人之间的权利义务关系终止。

⑦违反劳动合同的责任。即当事人不履行劳动合同或者不完全履行劳动合同，所应承担的相应法律责任。

(2)试用期应包括在劳动合同期限之中。

根据《中华人民共和国劳动法》(以下简称《劳动法》)规定，用人单位与劳动者签订的劳动合同期限可以分为三类：

①有固定期限，即在合同中明确约定效力期间，期限可长可短，长到几年、十几年，短到一年或者几个月。

②无固定期限，即劳动合同中只约定了起始日期，没有约定具体终止日期。无固定期限劳动合同可以依法约定终止劳动合同条件，在履行中只要不出现约定的终止条件或法律规定的解除条件，一般不能解除或终止，劳动关系可以一直存续到劳动者退休为止。

③以完成一定的工作为期限，即以完成某项工作或者某项工程为有效期限，该项工作或者工程一经完成，劳动合同即终止。

签订劳动合同可以不约定试用期，也可以约定试用期，但试用期最长不得超过 6 个月。劳动合同期限在 6 个月以下的，试用期不得超过 15 日；劳动合同期限在 6 个月以上 1 年以下的，试用期不得超过 30 日；劳动合同期限在 1 年以上 2 年以下的，试用期不得超过 60 日。试用期包括在劳动合同期限中。非全日制劳动合同，不得约定试用期。

(3)订立劳动合同时,用人单位不得向劳动者收取定金、保证金或扣留居民身份证。

根据劳动保障部《劳动力市场管理规定》,禁止用人单位招用人员时向求职者收取招聘费用、向被录用人员收取保证金或抵押金、扣押被录用人员的身份证等证件。用人单位违反规定的,由劳动保障行政部门责令改正,并可处以1000元以下罚款;对当事人造成损害的,应承担赔偿责任。

(4)劳动者不必履行无效的劳动合同。

①无效的劳动合同是指不具有法律效力的劳动合同。根据《劳动法》的规定,下列劳动合同无效:

a. 违反法律、行政法规的劳动合同。

b. 采取欺诈、威胁等手段订立的劳动合同。劳动合同的无效,由劳动争议仲裁委员会或者人民法院确认。无效的劳动合同,从订立的时候起,就没有法律约束力。也就是说,劳动者自始至终都无须履行无效劳动合同。确认劳动合同部分无效的,如果不影响其余部分的效力,其余部分仍然有效。

②由于用人单位的原因订立的无效合同,对劳动者造成损害的,应当承担赔偿责任。具体包括:

a. 造成劳动者工资收入损失的,按劳动者本人应得工资收入支付给劳动者,并加付应得工资收入25%的赔偿费用。

b. 造成劳动者劳动保护待遇损失的,应按国家规定补足劳动者的劳动保护津贴和用品。

c. 造成劳动者工伤、医疗待遇损失的,除按国家规定为劳动者提供工伤、医疗待遇外,还应支付劳动者相当于医疗费用25%的赔偿费用。

d. 造成女职工和未成年工身体健康损害的,除按国家规定提供治疗期间的医疗待遇外,还应支付相当于其医疗费用25%

的赔偿费用。

e.劳动合同约定的其他赔偿费用。

(5)用人单位不得随意变更劳动合同。

劳动合同的变更,是指劳动关系双方当事人就已订立的劳动合同的部分条款达成修改、补充或者废止协定的法律行为。《劳动法》规定,变更劳动合同,应当遵循平等自愿、协商一致的原则,不得违反法律、行政法规的规定。经双方协商同意依法变更后的劳动合同继续有效,对双方当事人都有约束力。

(6)解除劳动合同应当符合《劳动法》的规定。

劳动合同的解除,是指劳动合同有效成立后至终止前这段时期内,当具备法律规定的劳动合同解除条件时,因用人单位或劳动者一方或双方提出,而提前解除双方的劳动关系。根据《劳动法》的规定,劳动者可以和用人单位协商解除劳动合同,也可以在符合法律规定的情况下单方解除劳动合同。

①劳动者单方解除。

a.《劳动法》第三十一条规定:劳动者解除劳动合同,应当提前三十日以书面形式通知用人单位。这是劳动者解除劳动合同的条件和程序。劳动者提前三十日以书面形式通知用人单位解除劳动合同,无须征得用人单位的同意,用人单位应及时办理有关解除劳动合同的手续。但由于劳动者违反劳动合同的有关约定而给用人单位造成经济损失的,应依据有关规定和劳动合同的约定,由劳动者承担赔偿责任。

b.《劳动法》第三十二条规定:有下列情形之一的,劳动者可以随时通知用人单位解除劳动合同:

(a)在试用期内的;

(b)用人单位以暴力、威胁或者非法限制人身自由的手段强迫劳动的;

(c)用人单位未按照劳动合同约定支付劳动报酬或者提供劳动条件的。

②用人单位单方解除。

a.《劳动法》第二十五条规定,劳动者有下列情形之一的,用人单位可以解除劳动合同:

(a)在试用期间被证明不符合录用条件的;

(b)严重违反劳动纪律或者用人单位规章制度的;

(c)严重失职、营私舞弊,对用人单位利益造成重大损害的;

(d)被依法追究刑事责任的。

b.《劳动法》第二十六条规定:有下列情形之一的,用人单位可以解除劳动合同,但是应当提前三十日以书面形式通知劳动者本人:

(a)劳动者患病或者非因工负伤,医疗期满后,既不能从事原工作也不能从事由用人单位另行安排的工作的;

(b)劳动者不能胜任工作,经过培训或者调整工作岗位,仍不能胜任工作的;

(c)劳动合同订立时所依据的客观情况发生重大变化,致使原劳动合同无法履行,经当事人协商不能就变更劳动合同达成协议的。

c.《劳动法》第二十七条规定:用人单位濒临破产进行法定整顿期间或者生产经营状况发生严重困难,确需裁减人员的,应当提前三十日向工会或者全体职工说明情况,听取工会或者职工的意见,经向劳动保障行政部门报告后,可以裁减人员。并且规定,用人单位自裁减人员之日起六个月内录用人员的,应当优先录用被裁减的人员。

(7)用人单位解除劳动合同应当依法向劳动者支付经济补偿金。

根据《劳动法》规定，在下列情况下，用人单位解除与劳动者的劳动合同，应当根据劳动者在本单位的工作年限，每满一年发给相当于一个月工资的经济补偿金：

①经劳动合同当事人协商一致，由用人单位解除劳动合同的。

②劳动者不能胜任工作，经过培训或者调整工作岗位仍不能胜任工作，由用人单位解除劳动合同的。

以上两种情况下支付经济补偿金，最多不超过 12 个月。

③劳动合同订立时所依据的客观情况发生了重大变化，致使原劳动合同无法履行，经当事人协商不能就变更劳动合同达成协议，由用人单位解除劳动合同的。

④用人单位濒临破产进行法定整顿期间或者生产经营状况发生严重困难，必须裁减人员，由用人单位解除劳动合同的。

⑤劳动者患病或者非因工负伤，经劳动鉴定委员会确认不能从事原工作，也不能从事用人单位另行安排的工作而解除劳动合同的；在这类情况下，同时应发给不低于 6 个月工资的医疗补助费。劳动者患重病或者绝症的还应增加医疗补助费，患重病的增加部分不低于医疗补助费的 50%，患绝症的增加部分不低于医疗补助费的 100%。

另外，用人单位解除劳动者劳动合同后，未按以上规定给予劳动者经济补偿的，除必须全额发给经济补偿金外，还须按欠发经济补偿金数额的 50%支付额外经济补偿金。

经济补偿金应当一次性发给。劳动者在本单位工作时间不满一年的按一年的标准计算。计算经济补偿金的工资标准是企业正常生产情况下，劳动者解除合同前 12 个月的月平均工资；在以上第③、④、⑤类情况下，给予经济补偿金的劳动者月平均工资低于企业月平均工资的，应按企业月平均工资支付。

(8)用人单位不得随意解除劳动合同。

《劳动法》及《违反〈劳动法〉有关劳动合同规定的赔偿办法》(劳部发[1995]223号)规定,用人单位不得随意解除劳动合同。用人单位违法解除劳动合同的,由劳动保障行政部门责令改正;对劳动者造成损害的,应当承担赔偿责任。具体赔偿标准是:

①造成劳动者工资收入损失的,按劳动者本人应得工资收入支付劳动者,并加付应得工资收入25%的赔偿费用。

②造成劳动者劳动保护待遇损失的,应按国家规定补足劳动者的劳动保护津贴和用品。

③造成劳动者工伤、医疗待遇损失的,除按国家规定为劳动者提供工伤、医疗待遇外,还应支付劳动者相当于医疗费用25%的赔偿费用。

④造成女职工和未成年工身体健康损害的,除按国家规定提供治疗期间的医疗待遇外,还应支付相当于其医疗费用25%的赔偿费用。

⑤劳动合同约定的其他赔偿费用。

2. 工资

(1)用人单位应该按时足额支付工资。

《劳动法》中的"工资"是指用人单位依据国家有关规定或劳动合同的约定,以货币形式直接支付给本单位劳动者的劳动报酬,一般包括计时工资、计件工资、奖金、津贴和补贴、延长工作时间的工资报酬以及特殊情况下支付的工资等。

(2)用人单位不得克扣劳动者工资。

《劳动法》以及《违反〈中华人民共和国劳动法〉行政处罚办法》等规定,用人单位不得克扣劳动者工资。用人单位克扣劳动者工资的,由劳动保障行政部门责令支付劳动者的工资报酬,并加发相当于工资报酬25%的经济补偿金。并可责令用人单位按相当于支付劳动者工资报酬、经济补偿总和的一至五倍支付劳动者赔偿金。

"克扣工资"是指用人单位无正当理由扣减劳动者应得工资(即在劳动者已提供正常劳动的前提下,用人单位按劳动合同规定的标准应当支付给劳动者的全部劳动报酬)。

(3)用人单位不得无故拖欠劳动者工资。

《劳动法》以及《违反〈中华人民共和国劳动法〉行政处罚办法》等规定,用人单位无故拖欠劳动者工资的,由劳动保障行政部门责令支付劳动者的工资报酬,并加发相当于工资报酬25%的经济补偿金。并可责令用人单位按相当于支付劳动者工资报酬、经济补偿总和的一至五倍支付劳动者赔偿金。

"无故拖欠工资"是指用人单位无正当理由超过规定付薪时间未支付劳动者工资。

(4)农民工工资标准。

①在劳动者提供正常劳动的情况下,用人单位支付的工资不得低于当地最低工资标准。

根据《劳动法》、劳动保障部《最低工资规定》等规定,在劳动者提供正常劳动的情况下,用人单位应支付给劳动者的工资在剔除下列各项以后,不得低于当地最低工资标准:

a. 延长工作时间工资。

b. 中班、夜班、高温、低温、井下、有毒有害等特殊工作环境条件下的津贴。

c. 法律、法规和国家规定的劳动者福利待遇等。

实行计件工资或提成工资等工资形式的用人单位,在科学合理的劳动定额基础上,其支付劳动者的工资不得低于相应的最低工资标准。

用人单位违反以上规定的，由劳动保障行政部门责令其限期补发所欠劳动者工资，并可责令其按所欠工资的一至五倍支付劳动者赔偿金。

②在非全日制劳动者提供正常劳动的情况下，用人单位支付的小时工资不得低于当地小时工资最低标准。

劳动保障部《最低工资规定》《关于非全日制用工若干问题的意见》规定，非全日制用工是指以小时计酬、劳动者在同一用人单位平均每日工作时间不超过5h、累计每周工作时间不超过30h的用工形式。用人单位应当按时足额支付非全日制劳动者的工资，具体可以按小时、日、周或月为单位结算。在非全日制劳动者提供正常劳动的情况下，用人单位支付的小时工资不得低于当地小时工资最低标准。非全日制用工的小时工资最低标准由省、自治区、直辖市规定。

③用人单位安排劳动者加班加点应依法支付加班加点工资。

《劳动法》以及《违反〈中华人民共和国劳动法〉行政处罚办法》等规定，用人单位安排劳动者加班加点应依法支付加班加点工资。用人单位拒不支付加班加点工资的，由劳动保障行政部门责令支付劳动者的工资报酬，并加发相当于工资报酬25%的经济补偿金。并可责令用人单位按相当于支付劳动者工资报酬、经济补偿总和的一至五倍支付劳动者赔偿金。

劳动者日工资可统一按劳动者本人的月工资标准除以每月制度工作天数进行折算。职工全年月平均工作天数和工作时间分别为20.92天和167.4h，职工的日工资和小时工资按此进行折算。

3. 社会保险

(1)农民工有权参加基本医疗保险。

根据国家有关规定，各地要逐步将与用人单位形成劳动关系的农村进城务工人员纳入医疗保险范围。根据农村进城务工人员的特点和医疗需求,合理确定缴费率和保障方式,解决他们在务工期间的大病医疗保障问题,用人单位要按规定为其缴纳医疗保险费。对在城镇从事个体经营等灵活就业的农村进城务工人员,可以按照灵活就业人员参保的有关规定参加医疗保险。据此,在已经将农民工纳入医疗保险范围的地区,农民工有权参加医疗保险,用人单位和农民工本人应依法缴纳医疗保险费,农民工患病时,可以按照规定享受有关医疗保险待遇。

(2)农民工有权参加基本养老保险。

按照国务院《社会保险费征缴暂行条例》等有关规定,基本养老保险覆盖范围内的用人单位的所有职工,包括农民工,都应该参加养老保险,履行缴费义务。参加养老保险的农民合同制职工,在与企业终止或解除劳动关系后,由社会保险经办机构保留其养老保险关系,保管其个人账户并计息。凡重新就业的,应接续或转移养老保险关系;也可按照省级政府的规定,根据农民合同制职工本人申请,将其个人账户个人缴费部分一次性支付给本人,同时终止养老保险关系。农民合同制职工在男年满 60 周岁、女年满 55 周岁时,累计缴费年限满 15 年以上的,可按规定领取基本养老金;累计缴费年限不满 15 年的,其个人账户全部储存额一次性支付给本人。

(3)农民工有权参加失业保险。

根据《失业保险条例》规定,城镇企业事业单位招用的农民合同制工人应该参加失业保险,用人单位按规定为农民工缴纳社会保险费,农民合同制工人本人不缴纳失业保险费。单位招用的农民合同制工人连续工作满 1 年,本单位并已缴纳失业保险费,劳动合同期满未续订或者提前解除劳动合同的,由社会保险经办机构根据其工作时间长短,对其支付一次性生活补助。

补助的办法和标准由省、自治区、直辖市人民政府规定。

(4)用人单位应依法为农民工参加生育保险。

目前我国的生育保险制度还没有普遍建立，各地工作进展不平衡。从各地制定的规定看，有的地区没有将农民工纳入生育保险覆盖范围，有的地区则将农民工纳入了生育保险覆盖范围。如果农民工所在地区将农民工纳入了生育保险覆盖范围，农民工所在单位应按规定为农民工参加生育保险并缴纳生育保险费，符合规定条件的生育农民工依法享受生育保险待遇。

(5)劳动争议与调解处理。

劳动争议，也称劳动纠纷，就是指劳动关系当事人双方(用人单位和劳动者)之间因执行劳动法律、法规或者履行劳动合同以及其他劳动问题而发生劳动权利与义务方面的纠纷。

①劳动争议的范围。劳动争议的内容，是指劳动合同关系中当事人的权利与义务。所以，用人单位与劳动者之间发生的争议不都是劳动争议。只有在争议涉及劳动关系双方当事人在劳动关系中的权利和义务时，它才是劳动争议。劳动争议包括：因开除、除名、辞退职工和职工辞职、自动离职发生的争议；因执行国家有关工资、保险、福利、培训、劳动保护的规定发生的争议；因履行劳动合同发生的争议等。

②劳动争议处理机构。我国的劳动争议处理机构主要有：企业劳动争议调解委员会、各级政府劳动争议仲裁委员会和人民法院。根据《劳动法》等的规定：在用人单位内可以设劳动争议调解委员会，负责调解本单位的劳动争议；在县、市、市辖区应当设立劳动争议仲裁委员会；各级人民法院的民事审判庭负责劳动争议案件的审理工作。

③劳动争议的解决方法。根据我国有关法律、法规的规定，解决劳动争议的方法如下：

a. 协商。劳动争议发生后，双方当事人应当先进行协商，以达成解决方案。

b. 调解。就是企业调解委员会对本单位发生的劳动争议进行调解。从法律、法规的规定看，这并不是必经的程序。但它对于劳动争议的解决却起到很大作用。

c. 仲裁。劳动争议调解不成的，当事人可以向劳动争议仲裁委员会申请仲裁。当事人也可以直接向劳动争议仲裁委员会申请仲裁。当事人从知道或应当知道其权利被侵害之日起 60 日内，以书面形式向仲裁委员会申请仲裁。仲裁委员会应当自收到申请书之日起 7 日内做出受理或不予受理的决定。

d. 诉讼。当事人对仲裁裁决不服的，可以自收到仲裁裁决之日起 15 日内向人民法院起诉。人民法院民事审判庭受理和审理劳动争议案件。

④维护自身权益要注意法定时限。劳动者通过法律途径维护自身权益，一定要注意不能超过法律规定的时限。劳动者通过劳动争议仲裁、行政复议等法律途径维护自身合法权益，或者申请工伤认定、职业病诊断与鉴定等，一定要注意在法定的时限内提出申请。如果超过了法定时限，有关申请可能不会被受理，致使自身权益难以得到保护。主要的时限包括：

a. 申请劳动争议仲裁的，应当在劳动争议发生之日（即当事人知道或应当知道其权利被侵害之日）起 60 日内向劳动争议仲裁委员会申请仲裁。

b. 对劳动争议仲裁裁决不服、提起诉讼的，应当自收到仲裁裁决书之日起 15 日内，向人民法院提起诉讼。

c. 申请行政复议的，应当自知道该具体行政行为之日起 60 日内提出行政复议申请。

d. 对行政复议决定不服、提起行政诉讼的，应当自收到行政复议决定书之日起 15 日内，向人民法院提起行政诉讼。

e. 直接向人民法院提起行政诉讼的，应当在知道做出具体行政行为之日起 3 个月内提出，法律另有规定的除外。因不可抗力或者其他特殊情况耽误法定期限的，在障碍消除后的 10 日内，可以申请延长期限，由人民法院决定。

f. 申请工伤认定的，所在单位应当自事故伤害发生之日或者被诊断、鉴定为职业病之日起 30 日内，向统筹地区劳动保障行政部门提出工伤认定申请。遇有特殊情况，经报劳动保障行政部门同意，申请时限可以适当延长。用人单位未按前款规定提出工伤认定申请的，工伤职工或者其直系亲属、工会组织在事故伤害发生之日或者被诊断、鉴定为职业病之日起 1 年内，可以直接向用人单位所在地统筹地区劳动保障行政部门提出工伤认定申请。

三、工人健康卫生知识

1. 常见疾病的预防和治疗

(1)流行性感冒。

①流行性感冒的传播方式。流行性感冒简称流感，是由流感病毒引起的一种急性呼吸道传染病。流感的传染源主要是患者，病后 1～7 天均有传染性。流感主要通过呼吸道传播，传染性很强，常引起流行。一般常突然发生，迅速蔓延，患者数多。

提示：发生流行性感冒时应注意与病人保持一定距离，以免被传染。

②流行性感冒的症状。流感的症状与感冒类似，主要是发热及上呼吸道感染症状，如咽痛、鼻塞、流鼻涕、打喷嚏、咳嗽等。流感的全身症状重，而局部症状很轻。

③流行性感冒的预防。

a. 最主要的是注射流感疫苗，疫苗应于流感流行前 1～2 个月注射。因流感冬季易发，故常于每年 10 月左右进行注射。

b. 应当尽量避免接触病人，流行期间不到人多的地方去。

c. 增强身体抵抗力最重要，生活规律、适当锻炼、合理营养、精神愉快非常关键。

d. 避免过累、精神紧张、着凉、酗酒等。

(2)细菌性痢疾。

①细菌性痢疾的传播方式。细菌性痢疾(简称菌痢)，是夏秋季节最常见的急性肠道传染病，由痢疾杆菌引起，以结肠化脓性炎症为主要病变。菌痢主要通过粪一口途径传播，即患者大便中的痢疾杆菌可以污染手、食物、水、蔬菜、水果等而进入口中引起感染。细菌性痢疾终年均有发生，但多流行于夏秋季节。人群对此病普遍易感，幼儿及青壮年发病率较高。

②细菌性痢疾的症状。细菌性痢疾病情可轻可重，轻者仅有轻度腹泻，重者可有发热、全身不适、乏力、恶心、呕吐、腹痛、腹泻。腹泻次数由一日数次至十数次不等，患者常有老想解大便可总也解不干净的感觉(里急后重)，患者大便中常有黏液，重者有脓血。

③细菌性痢疾的预防。

a. 做好痢疾患者的粪便、呕吐物的消毒处理，管理好水源，防止病菌污染水源、土壤及农作物；患者使用过的厕所、餐具等也应消毒。

b. 不喝生水，不生吃水产品，蔬菜要洗净、炒熟再吃，水果应洗净削皮后食用。

c. 养成饭前、便后洗手的习惯，不吃被苍蝇、蟑螂叮咬过或爬过的食物，积极做好灭苍蝇、灭蟑螂工作。

d. 加强体育锻炼，增强体质。

重点：注意个人卫生，养成饭前、便后洗手的习惯。

(3)食物中毒。

①细菌性食物中毒的传播方式。细菌性食物中毒是由于进食被细菌或细菌毒素污染的食物而引起的急性感染中毒性疾病。细菌性食物中毒是典型的肠道传染病，发生原因主要有以下几个方面：

a. 食物在宰杀或收割、运输、储存、销售等过程中受到病菌的污染。

b. 被致病菌污染的食物在较高的温度下存放，食品中充足的水分、适宜的酸碱度及营养条件使致病菌大量繁殖或产生毒素。

c. 食品在食用前未烧透或熟食受到生食交叉污染。

d. 在缺氧环境中(如罐头等)肉毒杆菌产生毒素。

②细菌性食物中毒的症状。胃肠型细菌性食物中毒是食物中毒中最常见的一种，是由于食用了被细菌或细菌毒素污染的食物所引起的。绝大多数患者表现为胃肠炎的症状，如恶心、呕吐、腹痛、腹泻、排水样便等。腹泻一天数次到数十次不等，多数是稀水样便，个别人可有黏液血便、血水样便等，极少数患者可以发生败血症。

③细菌性食物中毒的预防。

a. 防止食品污染。加强对污染源的管理，做好牲畜屠宰前后的卫生检验，防止感染；对海鲜类食品应加强管理，防止污染其他食品；要严防食品加工、贮存、运输、销售过程中被病原体污染；食品容器、刀具等应严格生熟分开使用，做好消毒工作，防止交叉污染；生产场所、厨房、食堂等要有防蝇、防鼠设备；严格遵守饮食行业和炊事人员的个人卫生制度；患化脓性病症和上呼吸道感染的患者,在治愈前不应参加接触食品的工作。

b.控制病原体繁殖及外毒素的形成。食品应低温保存或放在阴凉通风处,食品中加盐量达10%也可有效控制细菌繁殖及毒素形成。

c.彻底加热杀灭细菌及破坏毒素。这是防止食物中毒的重要措施,要彻底杀灭肉中的病原体,肉块不应太大,加热时其内部温度可以达到80℃,这样持续12min就可将细菌杀死。

d.凡是食品在加工和保存过程中有厌氧环境存在,均应防止肉毒杆菌的污染,过期罐头——特别是产气罐头(其盖鼓起)均勿食用。

(4)病毒性肝炎。

①病毒性肝炎的类型。病毒性肝炎是由多种肝炎病毒引起的,以肝脏损害为主的一组全身性传染病。按病原体分类,目前已确定的有甲型肝炎、乙型肝炎、丙型肝炎、丁型肝炎、戊型肝炎。通过实验诊断排除上述类型的肝炎者,称为"非甲—戊型肝炎"。

②病毒性肝炎的传染源。

a.甲型肝炎无病毒携带状态,传染源为急性期患者和隐性感染者。粪便排毒期在起病前2周至血清转氨酶高峰期后1周,少数患者延长至病后30天。

b.乙型肝炎属于常见传染病,可通过母婴、血液和体液传播。传染源主要是急、慢性乙型肝炎患者和病毒携带者。急性患者在潜伏期末及急性期有传染性,但不超过6个月。慢性患者和病毒携带者作为传染源预防的意义重大。

c.丙型肝炎的传染源是急、慢性患者和无症状病毒携带者。

d.丁型肝炎的传染源与乙型肝炎相似。

e.戊型肝炎的传染源与甲型肝炎相似。

③病毒性肝炎的症状。

a. 疲乏无力、懒动、下肢酸困不适，稍加活动则难以支持。

b. 食欲不振、食欲减退、厌油、恶心、呕吐及腹胀，往往食后加重。

c. 部分病人尿黄、尿色如浓茶，大便色淡或灰白，腹泻或便秘。

d. 右上腹部有持续性腹痛，个别病人可呈针刺样或牵拉样疼痛，于活动、久坐后加重，卧床休息后可缓解，右侧卧时加重，左侧卧时减轻。

e. 医生检查可有肝脏肿大、压痛、肝区叩击痛、肝功能损害，部分病例出现发热及黄疸表现。

f. 血清谷丙转氨酶及血中总胆红素升高有助于诊断，也可进一步做血清免疫学检查及明确肝炎类型。

④病毒性肝炎的预防。病毒性肝炎预防应采取以切断传播途径为重点的综合性措施。

对甲型、戊型肝炎，重点抓好水源保护、饮水消毒、食品加工、粪便管理等，切断粪—口途径传播，注意个人卫生，饭前、便后洗手，不喝生水，生吃瓜果要洗净。对于急性病如甲型和戊型肝炎病人接触的易感人群，应注射人血丙种球蛋白，注射时间越早越好。

对乙型、丙型和丁型肝炎，重点在于防止通过血液和体液的传播，各种医疗及预防注射，应实行一人一针一管，对带血清的污染物应严格消毒，对血液和血液制品应严格检测。对学龄前儿童和密切接触者，应接种乙肝疫苗；乙肝疫苗和乙肝免疫球蛋白联合应用可有效地阻断母婴传播；医务人员在工作中因医疗意外或医疗操作不慎感染乙肝病毒，应立即注射免疫球蛋白。

2. 职业病的预防和治疗

(1)职业病定义。

所谓职业病,是指企业、事业单位和个体经济组织的劳动者在职业活动中,因接触粉尘、放射性物质和其他有毒、有害物质等因素而引起的疾病。对于患职业病的,我国法律规定,应属于工伤,享受工伤待遇。

(2)建筑企业常见的职业病。

①接触各种粉尘引起的尘肺病。

②电焊工尘肺、眼病。

③直接操作振动机械引起的手臂振动病。

④油漆工、粉刷工接触有机材料散发的不良气体引起的中毒。

⑤接触噪声引起的职业性耳聋。

⑥长期超时、超强度地工作,精神长期过度紧张造成相应职业病。

⑦高温中暑等。

(3)职业病鉴定与保障。

劳动者如果怀疑所得的疾病为职业病,应当及时到当地卫生部门批准的职业病诊断机构进行职业病诊断。对诊断结论有异议的,可以在 30 日内到市级卫生行政部门申请职业病诊断鉴定,鉴定后仍有异议的,可以在 15 日内到省级卫生行政部门申请再鉴定。被诊断、鉴定为职业病,所在单位应当自被诊断、鉴定为职业病之日起 30 日内,向统筹地区劳动保障行政部门提出工伤认定申请。

提示:劳动者日常需要注意收集与职业病相关的材料。

(4)职业病的诊断。

根据《中华人民共和国职业病防治法》(以下简称《职业病防治法》)和《职业病诊断与鉴定管理办法》的有关规定，具体程序为：

①职业病诊断应当由省级以上人民政府卫生行政部门批准的医疗卫生机构承担，劳动者可以在用人单位所在地或者本人居住地依法承担职业病诊断的医疗卫生机构进行职业病诊断。

②当事人申请职业病诊断时应当提供以下材料：

a. 职业史、既往史。

b. 职业健康监护档案复印件。

c. 职业健康检查结果。

d. 工作场所历年职业病危害因素检测、评价资料。

e. 诊断机构要求提供的其他必需的有关材料。

③职业病诊断应当依据职业病诊断标准，结合职业病危害接触史、工作场所职业病危害因素检测与评价、临床表现和医学检查结果等资料，综合做出分析。

④职业病诊断机构在进行职业病诊断时，应当组织三名以上取得职业病诊断资格的执业医师进行集体诊断。

⑤职业病诊断机构做出职业病诊断后，应当向当事人出具职业病诊断证明书。职业病诊断证明书应当明确是否患有职业病，对患有职业病的，还应当载明所患职业病的名称、程度(期别)、处理意见和复查时间。

⑥当事人对职业病诊断有异议的，在接到职业病诊断证明书之日起30日内，可以向做出诊断的医疗卫生机构所在地的市级卫生行政部门申请鉴定。

⑦当事人申请职业病诊断鉴定时，应当提供以下材料：

a. 职业病诊断鉴定申请书。

b. 职业病诊断证明书。

c. 其他有关资料。职业病诊断鉴定办事机构应当自收到申请资料之日起 10 日内完成材料审核,对材料齐全的发给受理通知书;材料不全的,通知当事人补充。职业病诊断鉴定办事机构应当在受理鉴定之日起 60 日内组织鉴定。

⑧鉴定委员会应当认真审查当事人提供的材料,必要时可听取当事人的陈述和申辩,对被鉴定人进行医学检查,对被鉴定人的工作场所进行现场调查取证。

⑨职业病诊断鉴定书应当包括以下内容:

a. 劳动者、用人单位的基本情况及鉴定事由。

b. 参加鉴定的专家情况。

c. 鉴定结论及其依据,如果为职业病,应当注明职业病名称、程度(期别)。

d. 鉴定时间。职业病诊断鉴定书应当于鉴定结束之日起 20 日内由职业病诊断鉴定办事机构发送给当事人。

(5)劳动者有权利拒绝从事容易发生职业病的工作。

劳动者依法享有保持自己身体健康的权利,因此,对于是否选择从事存在职业病危害的工作,应当由劳动者依照其自己的意愿决定。而要使劳动者能够自行决定是否选择从事该工作,就应当保证劳动者对相关工作内容以及其可能带来的危害有一定的了解。正因为如此,《职业病防治法》规定:“用人单位与劳动者订立劳动合同(含聘用合同,下同)时,应当将工作过程中可能产生的职业病危害及其后果、职业病防护措施和待遇等如实告知劳动者,并在劳动合同中写明,不得隐瞒或者欺骗。”“劳动者在已订立劳动合同期间因工作岗位或者工作内容变更,从事与所订立劳动合同中未告知的存在职业病危害的作业时,用人单位应当依照前款规定,向劳动者履行如实告知的义务,并协商变更原劳动合同相关条款。”“用人单位违反前两款规定的,劳动者有权拒绝从事存在职业病危害的作业，用人单位不得因此解除或者终止与劳动者所订立的劳动合同。”

另外，根据《职业病防治法》的规定，用人单位违反本规定，订立或者变更劳动合同时，未告知劳动者职业病危害真实情况的，由卫生行政部门责令限期改正，给予警告，可以并处2万元以上5万元以下的罚款。

根据前述规定，如果用人单位没有将工作过程中可能产生的职业病危害及其后果、职业病防护措施和待遇等如实告知劳动者，并在劳动合同中写明，那么劳动者就有权利拒绝从事存在职业病危害的作业，并且用人单位不得因劳动者拒绝从事该作业而解除或者终止劳动者的劳动合同。

(6)患职业病的劳动者有权获得相应的保障。

①患职业病的劳动者有权利获得职业保障。《中华人民共和国劳动合同法》规定，用人单位以下情形不得解除劳动合同：

a.患职业病或者因工负伤并确认丧失或者部分丧失劳动能力的。

b.患病或者负伤，在规定的医疗期内的。职业病病人依法享受国家规定的职业病待遇，用人单位对不适宜继续从事原工作的职业病病人，应当调离原岗位，并妥善安置。

②患职业病的劳动者有权利获得医疗保障。《职业病防治法》规定：“职业病病人依法享受国家规定的职业病待遇。用人单位应当按照国家有关规定，安排职业病病人进行治疗、康复和定期检查。”

③患职业病的劳动者有权利获得生活保障。《职业病防治法》规定：“劳动者被诊断患有职业病，但用人单位没有依法参加工伤社会保险的，其医疗和生活保障由最后的用人单位承担。”

④患职业病的劳动者有权利依法获得赔偿。职业病病人除依法享有工伤社会保险外,依照有关民事法律,尚有获得赔偿的权利的,有权向用人单位提出赔偿要求。

(7)职工患职业病后的一次性处理规定。

职工患病后,应当先行治疗,然后进行职业病的诊断和鉴定。如果职工按照《职业病防治法》规定被诊断、鉴定为职业病,必须向劳动保障行政部门提出工伤认定申请,由劳动保障行政部门做出工伤认定。如果职工经治疗伤情相对稳定后存在残疾、影响劳动能力的,还应当进行劳动能力鉴定。最后职工才可按照《工伤保险条例》规定的标准享受工伤保险待遇。

以上程序是职工患职业病后享受工伤待遇所必需的,是切实保障职工合法权益的基础。但在实际生活中,一些用人单位和职工由于不懂工伤法律或者怕麻烦、图省事,在职工患病后就直接约定进行一次性工伤补助,这种做法是不可取的。当然,如果工伤职工愿意,待治愈或病情稳定做出工伤伤残等级鉴定后,可参照有关工伤的规定依法与企业达成一次性领取工伤待遇的相关协议。

(8)治疗职业病的有关费用支付。

首先应当明确的是,检查、治疗、诊断职业病的,劳动者本人不承担相关费用。这些费用依照规定,应当由用人单位负担或者从工伤保险基金中支付。

①职业健康检查费用由用人单位承担。

②救治急性职业病危害的劳动者,或者进行健康检查和医学观察,所需费用由用人单位承担。

③职业病诊断鉴定费用由用人单位承担。

④因职业病进行劳动能力鉴定的,鉴定费从工伤保险基金中支付。

⑤因职业病需要治疗的，相关费用按照工伤的规定处理。

还需要说明的是，不管是职业病还是其他原因发生的工伤，都必须进行彻底的治疗，相关的费用不管花了多少，都应当依法予以报销，即“工伤索赔上不封顶”。

(9)劳动者在职业病防治中须承担的义务。

①认真接受用人单位的职业卫生培训，努力学习和掌握必要的职业卫生知识。

②遵守职业卫生法规、制度、操作规程。

③正确使用与维护职业危害防护设备及个人防护用品。

④及时报告事故隐患。

⑤积极配合上岗前、在岗期间和离岗时的职业健康检查。

⑥如实提供职业病诊断、鉴定所需的有关资料等。

重点：熟知职业安全卫生警示标志，禁止不安全的操作行为，正确使用个人防护用品。

(10)建筑企业常见职业病及预防控制措施。

①接触各种粉尘引起的尘肺病预防控制措施。

作业场所防护措施：加强水泥等易扬尘的材料的存放处、使用处的扬尘防护，任何人不得随意拆除，在易扬尘部位设置警示标志。

个人防护措施：落实相关岗位的持证上岗，给施工作业人员提供扬尘防护口罩，杜绝施工操作人员的超时工作。

②电焊工尘肺、眼病的预防控制措施。

作业场所防护措施：为电焊工提供通风良好的操作空间。

个人防护措施：电焊工必须持证上岗，作业时佩戴有害气体防护口罩、眼睛防护罩，杜绝违章作业，采取轮流作业，杜绝施工操作人员的超时工作。

③直接操作振动机械引起的手臂振动病的预防控制措施。

作业场所防护措施:在作业区设置预防职业病警示标志。

个人防护措施:机械操作工要持证上岗,提供振动机械防护手套,延长换班休息时间,杜绝作业人员的超时工作。

④油漆工、粉刷工接触有机材料散发不良气体引起的中毒预防控制措施。

作业场所防护措施:加强作业区的通风排气措施。

个人防护措施:相关工种持证上岗,给作业人员提供防护口罩,轮流作业,杜绝作业人员的超时工作。

⑤接触噪声引起的职业性耳聋的预防控制措施。

作业场所防护措施:在作业区设置防职业病警示标志,对噪声大的机械加强日常保养和维护,减少噪声污染。

个人防护措施:为施工操作人员提供劳动防护耳塞轮流作业,杜绝施工操作人员的超时工作。

⑥长期超时、超强度地工作,精神长期过度紧张所造成相应职业病的预防控制措施。

作业场所防护措施:提高机械化施工程度,减小工人劳动强度,为职工提供良好的生活、休息、娱乐场所,加强施工现场文明施工。

个人防护措施:不盲目抢工期,即使抢工期也必须安排充足的人员能够按时换班作业,采取 8h 作业换班制度,及时发放工人工资,稳定工人情绪。

⑦高温中暑的预防控制措施。

作业场所防护措施:在高温期间,为职工备足饮用水或绿豆汤、防中暑药品、器材。

个人防护措施:减少工人工作时间,尤其是延长中午休息时间。

提示:工作场所自觉做好个人安全防护。

四、工地施工现场急救知识

施工现场急救基本常识主要包括应急救援基本常识、触电急救知识、创伤救护知识、火灾急救知识、中毒及中暑急救知识以及传染病急救措施等，了解并掌握这些现场急救基本常识，是做好安全工作的一项重要内容。

1.应急救援基本常识

（1）施工企业应建立企业级重大事故应急救援体系，以及重大事故救援预案。

（2）施工项目应建立项目重大事故应急救援体系，以及重大事故救援预案；在实行施工总承包时，应以总承包单位事故预案为主，各分包队伍也应有各自的事故救援预案。

（3）重大事故的应急救援人员应经过专门的培训，事故的应急救援必须有组织、有计划地进行；严禁在未清楚事故情况下，盲目救援，以免造成更大的伤害。

（4）事故应急救援的基本任务：

①立即组织营救受害人员，组织撤离或者采取其他措施保护危害区域内的其他人员。

②迅速控制事态，并对事故造成的危害进行检测、监测，测定事故的危害区域、危害性质及危害程度。

③消除危害后果，做好现场恢复。

④查清事故原因，评估危害程度。

2.触电急救知识

触电者的生命能否获救，在绝大多数情况下取决于能否迅速脱离电源和正确地实行人工呼吸和心脏按摩。拖延时间、动作迟缓或救护不当，都可能造成人员伤亡。

(1)脱离电源的方法。

①发生触电事故时，附近有电源开关和电流插销的，可立即将电源开关断开或拔出插销；但普通开关（如拉线开关、单极按钮开关等）只能断一根线，有时不一定关断的是相线，所以不能认为是切断了电源。

②当有电的电线触及人体引起触电，不能采用其他方法脱离电源时，可用绝缘的物体（如干燥的木棒、竹竿、绝缘手套等）将电线移开，使人体脱离电源。

③必要时可用绝缘工具（如带绝缘柄的电工钳、木柄斧头等）切断电线，以切断电源。

④应防止人体脱离电源后造成的二次伤害，如高处坠落、摔伤等。

⑤对于高压触电，应立即通知有关部门停电。

⑥高压断电时，应戴上绝缘手套，穿上绝缘鞋，用相应电压等级的绝缘工具切断开关。

(2)紧急救护基本常识。

根据触电者的情况，进行简单的诊断，并分别处理：

①病人神志清醒，但感到乏力、头昏、心悸、出冷汗，甚至有恶心或呕吐症状。此类病人应使其就地安静休息，减轻心脏负担，加快恢复；情况严重时，应立即小心送往医院检查治疗。

②病人呼吸、心跳尚存在，但神志昏迷。此时，应将病人仰卧，周围空气要流通，并注意保暖；除了要严密观察外，还要做好人工呼吸和心脏挤压的准备工作。

③如经检查发现，病人处于“假死”状态，则应立即针对不同类型的“假死”进行对症处理：如果呼吸停止，应用口对口的人工呼吸法来维持气体交换；如心脏停止跳动，应用体外人工心脏挤

压法来维持血液循环。

a. 口对口人工呼吸法：病人仰卧、松开衣物⟶清理病人口腔阻塞物⟶病人鼻孔朝天、头后仰⟶捏住病人鼻子贴嘴吹气⟶放开嘴鼻换气，如此反复进行，每分钟吹气12次，即每5s吹气1次。

b. 体外心脏挤压法：病人仰卧硬板上⟶抢救者用手掌对病人胸口凹膛⟶掌根用力向下压⟶慢慢向下⟶突然放开，连续操作，每分钟进行60次，即每秒一次。

c. 有时病人心跳、呼吸停止，而急救者只有一人时，必须同时进行口对口人工呼吸和体外心脏挤压，此时，可先吹两次气，立即进行挤压15次，然后再吹两次气，再挤压，反复交替进行。

3. 创伤救护知识

创伤分为开放性创伤和闭合性创伤。开放性创伤是指皮肤或黏膜的破损，常见的有：擦伤、切割伤、撕裂伤、刺伤、撕脱、烧伤；闭合性创伤是指人体内部组织损伤，而皮肤黏膜没有破损，常见的有：挫伤、挤压伤。

(1)开放性创伤的处理。

①对伤口进行清洗消毒可用生理盐水和酒精棉球，将伤口和周围皮肤上沾染的泥沙、污物等清理干净，并用干净的纱布吸收水分及渗血，再用酒精等药物进行初步消毒。在没有消毒条件的情况下，可用清洁水冲洗伤口，最好用流动的自来水冲洗，然后用干净的布或敷料吸干伤口。

②止血。对于出血不止的伤口，能否做到及时有效地止血，对伤员的生命安危影响较大。在现场处理时，应根据出血类型和部位不同采用不同的止血方法：直接压迫——将手掌通过敷

料直接加压在身体表面的开放性伤口的整个区域；抬高肢体——对于手、臂、腿部严重出血的开放性伤口都应抬高，使受伤肢体高于心脏水平线；压迫供血动脉——手臂和腿部伤口的严重出血，如果应用直接压迫和抬高肢体仍不能止血，就需要采用压迫点止血技术；包扎——使用绷带、毛巾、布块等材料压迫止血，保护伤口，减轻疼痛。

③烧伤的急救。应先去除烧伤源，将伤员尽快转移到空气流通的地方，用较干净的衣服把伤面包裹起来，防止再次污染；在现场，除了化学烧伤可用大量流动清水冲洗外，对创面一般不做处理，尽量不弄破水泡，保护表皮。

(2)闭合性创伤的处理。

①较轻的闭合性创伤，如局部挫伤、皮下出血，可在受伤部位进行冷敷，以防止组织继续肿胀，减少皮下出血。

②如发现人员从高处坠落或摔伤等意外时，要仔细检查其头部、颈部、胸部、腹部、四肢、背部和脊椎，看看是否有肿胀、青紫、局部压疼、骨摩擦声等其他内部损伤。假如出现上述情况，不能对患者随意搬动，需按照正确的搬运方法进行搬运；否则，可能造成患者神经、血管损伤并加重病情。

现场常用的搬运方法有：担架搬运法——用担架搬运时，要使伤员头部向后，以便后面抬担架的人可随时观察其变化；单人徒手搬运法——轻伤者可扶着走，重伤者可让其伏在急救者背上，双手绕颈交叉垂下，急救者用双手自伤员大腿下抱住伤员大腿。

③如怀疑有内伤，应尽早使伤员得到医疗处理；运送伤员时要采取卧位，小心搬运，注意保持呼吸道畅通，注意防止休克。

④运送过程中，如突然出现呼吸、心跳骤停时，应立即进行

人工呼吸和体外心脏挤压法等急救措施。

4. 火灾急救知识

一般地说，起火要有三个条件，即可燃物（木材、汽油等）、助燃物（氧气等）和点火源（明火、烟火、电焊花等）。扑灭初起火灾的一切措施，都是为了破坏已经产生的燃烧条件。

(1)火灾急救的基本要点。

施工现场应有经过训练的义务消防队，发生火灾时，应由义务消防队急救，其他人员应迅速撤离。

①及时报警，组织扑救。全体员工在任何时间、地点，一旦发现起火都要立即报警，并在确保安全前提下参与和组织群众扑灭火灾。

②集中力量，主要利用灭火器材，控制火势，集中灭火力量在火势蔓延的主要方向进行扑救，以控制火势蔓延。

③消灭飞火，组织人力监视火场周围的建筑物、露天物资堆放场所的未尽飞火，并及时扑灭。

④疏散物资，安排人力和设备，将受到火势威胁的物资转移到安全地带，阻止火势蔓延。

⑤积极抢救被困人员。人员集中的场所发生火灾，要有熟悉情况的人做向导，积极寻找和抢救被困的人员。

(2)火灾急救的基本方法。

①先控制，后消灭。对于不可能立即扑灭的火灾，要先控制火势，具备灭火条件时再展开全面进攻，一举消灭。

②救人重于救火。灭火的目的是为了打开救人通道，使被困的人员得到救援。

③先重点，后一般。重要物资和一般物资相比，先保护和抢救重要物资；火势蔓延猛烈方面和其他方面相比，控制火势蔓延

的方面是重点。

④正确使用灭火器材。水是最常用的灭火剂，取用方便，资源丰富，但要注意水不能用于扑救带电设备的火灾。各种灭火器的用途和使用方法如下：

酸碱灭火器：倒过来稍加摇动或打开开关，药剂喷出。适用于扑救油类火灾。

泡沫灭火器：把灭火器筒身倒过来，打开保险销，把喷管口对准火源，拉出拉环，即可喷出。适合于扑救木材、棉花、纸张等火灾，不能扑救电气、油类火灾。

二氧化碳灭火器：一手拿好喇叭筒对准火源，另一手打开开关既可。适合于扑救贵重仪器和设备，不能扑救金属钾、钠、镁、铝等物质的火灾。

干粉灭火器：打开保险销，把喷管口对准火源，拉出拉环，即可喷出。适用于扑救石油产品、油漆、有机溶剂和电气设备等火灾。

⑤人员撤离火场途中被浓烟围困时，应采取低姿势行走或匍匐穿过浓烟，有条件时可用湿毛巾等捂住嘴鼻，以便顺利撤出烟雾区；如无法进行逃生，可向建筑物外伸出衣物或抛出小物件，发出求救信号引起注意。

⑥进行物资疏散时应将参加疏散的员工编成组，指定负责人首先疏散通道，其次疏散物资，疏散的物资应堆放在上风向的安全地带，不得堵塞通道，并要派人看护。

5. 中毒及中暑急救知识

施工现场发生的中毒主要有食物中毒、燃气中毒及毒气中毒；中暑是指人员因处于高温高热的环境而引起的疾病。

(1)食物中毒的救护。

①发现饭后有多人呕吐、腹泻等不正常症状时，尽量让病人大量饮水，刺激喉部使其呕吐。

②立即将病人送往就近医院或打120急救电话。

③及时报告工地负责人和当地卫生防疫部门，并保留剩余食品以备检验。

(2)燃气中毒的救护。

①发现有人煤气中毒时，要迅速打开门窗，使空气流通。

②将中毒者转移到室外实行现场急救。

③立即拨打120急救电话或将中毒者送往就近医院。

④及时报告有关负责人。

(3)毒气中毒的救护。

①在井(地)下施工中有人发生毒气中毒时，井(地)上人员绝对不要盲目下去救助；必须先向出事点送风，救助人员装备齐全安全保护用具，才能下去救人。

②立即报告工地负责人及有关部门，现场不具备抢救条件时，应及时拨打110或120电话求救。

(4)中暑的救护。

①迅速转移。将中暑者迅速转移至阴凉通风的地方，解开衣服，脱掉鞋子，让其平卧，头部不要垫高。

②降温。用凉水或50％酒精擦其全身，直到皮肤发红、血管扩张以促进散热。

③补充水分和无机盐类。能饮水的患者应鼓励其喝足量盐开水或其他饮料，不能饮水者，应予静脉补液。

④及时处理呼吸、循环衰竭。呼吸衰竭时，可注射尼可刹明或山梗茶硷；循环衰竭时，可注射鲁明那钠等镇静药。

⑤医疗条件不完善时，应对患者严密观察，精心护理，送往附近医院进行抢救。

6. 传染病急救措施

由于施工现场的人员较多，如果控制不当，容易造成集体感染传染病。因此需要采取正确的措施加以处理，防止大面积人员感染传染病。

(1)如发现员工有集体发烧、咳嗽等不良症状，应立即报告现场负责人和有关主管部门，对患者进行隔离加以控制，同时启动应急救援方案。

(2)立即把患者送往医院进行诊治，陪同人员必须做好防护隔离措施。

(3)对可能出现病因的场所进行隔离、消毒，严格控制疾病的再次传播。

(4)加强现场员工的教育和管理，落实各级责任制，严格履行员工进出现场登记手续，做好病情的监测工作。

参考文献

[1] 中华人民共和国住房和城乡建设部. 建筑装饰装修工程质量验收规范(GB 50210－2001)[S]. 北京：中国建筑工业出版社，2001.

[2] 建设部干部学院. 幕墙制作工. [M]. 武汉：华中科技大学出版社，2009.

[3] 中国建筑装饰协会培训中心.《建筑装饰装修幕墙工》[M]. 北京：中国建筑工业出版社，2003.

[4] 中华人民共和国住房和城乡建设部. 玻璃幕墙工程技术规范(JGJ 102－2003)[S]. 北京：中国建筑工业出版社，2001.

[5] 中华人民共和国住房和城乡建设部. 建筑施工安全技术统一规范(GB 50870－2013)[S]. 北京：中国建筑工业出版社，2014.

[6] 建设部人事教育司. 抹灰工[M]. 北京：中国建筑工业出版社，2002.

[7] 张芹、黄拥军.《金属与石材幕墙工程实用技术》[M]. 北京：机械工业出版社，2006.